海南岛

禾本科植物资源种子图鉴

张 瑜　刘一明　黄春琼　等◎编著

中国农业出版社

北 京

目 录
C O N T E N T S

6 早熟禾亚科　Pooideae ············175

1 芦竹亚科 Arundinoideae

芦竹亚科约有10属，产于全球热带、亚热带地区，少数广布于全球。我国产6属。本图鉴介绍4属4种，包括芦竹属 *Arundo* L.、类芦属 *Neyraudia* Hook. f.、芦苇属 *Phragmites* Adans. 和棕叶芦属 *Thysanolaena* Nees。

芦竹属 *Arundo* L.

本属约5种，产于全球热带、亚热带地区。我国有2种；海南有1种。本图鉴介绍芦竹 *A. donax* L. 1种。本植物的地下根茎粗壮而发达，喜水湿，节上生根，有固土作用，为优良的固堤植物；秆高大，冬季抽穗，花序淡绿带紫红，开展似鸟羽，可为堤岸观赏植物，也常做绿篱；茎纤维长，长宽比值大，纤维素含量高，是制优质纸浆和人造丝的原料；幼嫩枝叶的粗蛋白质达12%，是牲畜的良好青饲料；芦竹秆可作制管乐器中的簧片。

1.1 芦竹 *Arundo donax* L.

别名 花叶芦竹、毛鞘芦竹、巴巴竹、荻芦竹、冬密草。

特征 圆锥花序极大型，分枝稠密；小穗长10～12mm；外稃中脉延伸成1～2mm的短芒，背面中部以下密生长柔毛，毛长5～7mm，基盘长约0.5mm，两侧上部具短柔毛。

产地 海南各地；生于河岸道旁、沙质壤土上。

分布 广东、海南、广西、贵州、云南、四川、湖南、江西、
福建、台湾、浙江、江苏。

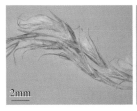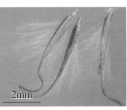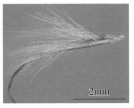

类芦属 *Neyraudia* Hook. f.

本属有4种，产于东半球的热带、亚热带地区。我国有4种，
海南仅产1种。本图鉴介绍类芦 *N. reynaudiana* (Kunth.) Keng 1种。
本种多生于河边，且具根茎，可作固堤植物，亦常用作围篱；秆
可作燃料；茎叶纤维为造纸原料，亦可制人造丝。

1.2 类芦 *Neyraudia reynaudiana*（Kunth.）Keng

别名 假芦、石珍茅、篱笆竹、望冬草、石珍草。
特征 小穗长6～8mm，第一外稃无毛；颖片短小，长2～
3mm；外稃长约4mm，边脉生有长约2mm的柔毛，顶
端具长1～2mm向外反曲的短芒。
产地 海南各地；生于河边、山坡或砾石草地，海拔300～
1 500m。
分布 海南、广东、广西、贵州、云南、四川、湖北、湖南、

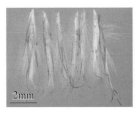

江西、福建、台湾（高雄）、浙江、江苏。

芦苇属 *Phragmites* Adans.

本属有 10 余种，分布于全球热带、大洋洲、非洲、亚洲地区。我国有 3 种；海南有 1 种及 1 变种。本图鉴介绍芦苇 *P. australis* (Cav.) Trin. ex Steud. 1 种。芦苇是唯一的世界种，为全球广泛分布的多型种。除森林生境不生长外，各种有水源的空旷地带，其常以迅速扩展的繁殖能力，形成连片的芦苇群落；秆为造纸原料或作编席织帘及建棚材料，茎、叶嫩时为饲料，根状茎供药用；亦为固堤造陆先锋环保植物。

1.3 芦苇 *Phragmites australis* (Cav.) Trin. ex Steud.

别名 芦、苇、葭 (均见《名医别录》)、芦草根、南方芦苇、苇子草。
特征 小穗长约 12mm；第二外稃顶端长渐尖，基盘延长，两侧密生等长于外稃的丝状柔毛。
产地 海南各地；生于江河湖泽、池塘沟渠沿岸和低湿地。
分布 全国各地。

  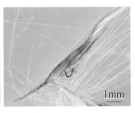

棕叶芦属 *Thysanolaena* Nees

单种属，产于亚洲热带，我国也有。本图鉴介绍棕叶芦 *T. maxima* (Roxb.) Kuntze 1 种。本植物常簇生成大丛，高大坚实，常作篱笆；叶可裹粽，秆和叶为造纸的原料；干花序可作扫帚；栽培作绿化观赏用。

1.4 粽叶芦 *Thysanolaena latifolia*（Roxburgh ex Hornemann）Honda

别名　莽草 (海南)、粽叶草 (云南)、扫帚草。

特征　小穗长 1.5 ~ 1.8mm；第二外稃卵形，厚纸质，背部圆，具 3 脉，顶端具小尖头；边缘被柔毛；花药长约 1mm，褐色。

产地　海南各地；生于山坡、山谷或树林下和灌丛中。

分布　云南、台湾、广东、广西、贵州。

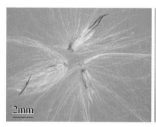

2mm　　2mm

2 假淡竹叶亚科 Centothecoideae

产于热带及亚热带的阴湿地区，全世界有10属约30种。我国有2属。本图鉴介绍2属2种，包括酸模芒属 *Centotheca* Desv.和淡竹叶属 *Lophatherum* Brongn.。

酸模芒属 *Centotheca* Desv.

本属有4种，产于东半球热带区域。我国有1种。本图鉴介绍酸模芒 *C. lappacea*（L.）Desv. 1种。本植物为牲畜的优良饲料；全草可入药，清热除烦、利尿。

2.1 酸模芒 *Centotheca lappacea*（L.）Desv.

别名 假淡竹叶、山鸡谷 (海南)、山鸡壳、假蛇尾草。

特征 小穗柄生微毛，长2～4mm；小穗长约5mm；颖披针形，具3～5脉，脊粗糙，第一颖长2～2.5mm，第二颖长3～3.5mm；第一外稃顶端具小尖头，第二与第三外稃两侧边缘贴生硬毛，成熟后其毛伸展、反折或形成倒刺。

产地　海南山林地区；生于林下、林缘和山谷荫蔽处。

分布　台湾、福建、广东、海南、云南、广西、香港。

淡竹叶属　Lophatherum Brongn.

本属有2种，产于东南亚及东亚。我国有2种；海南有1种。本图鉴介绍淡竹叶 *L. gracile* Brongn. 1种。本植物根苗捣汁和米做曲，以增芳香；叶为清凉解热药；小块根作药用。

2.2 淡竹叶　*Lophatherum gracile* Brongn.

别名　山鸡米、迷身草 (广东)、碎骨草、竹叶草、金竹叶、粘身草、退热草。

特征　小穗线状披针形，具极短柄；第一外稃顶端具尖头，内稃较短，其后具长约3mm的小穗轴；不育外稃向上渐狭小，互相密集包卷，顶端具长约1.5mm的短芒。颖果长椭圆形。

产地　海南各地；生于山坡、林地或林缘、道旁荫蔽处。

分布　江苏、安徽、浙江、江西、福建、台湾、湖南、广东、广西、四川、云南、海南。

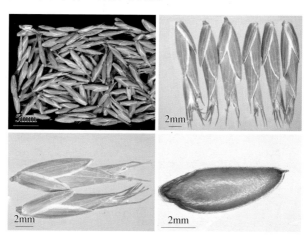

3 画眉草亚科 Eragrostoideae

产于全世界的热带至温寒地带，但以热带及亚热带的种类为多。我国现有32属。本图鉴介绍17属48种，包括：

三芒草族Trib. Aristideae的三芒草属 *Aristida* L.。

虎尾草族Trib. Chlorideae中虎尾草属 *Chloris* Sw.、狗牙根属 *Cynodon* Rich.、肠须草属 *Enteropogon* Nees、真穗草属 *Eustachys* Desv.、小草属 *Microchla*、龙爪茅属 *Dactyloctenium* Willd.、䅟属 *Eleusine* Gaertn.、尖稃草属 *Acrachne* Wight et Arn. ex Chiov.和羽穗草属 *Desmostachya*（Stapf）Stapf。

画眉草族Trib. Eragrostideae中画眉草属 *Eragrostis* Wolf、千金子属 *Leptochloa* Beauv.、草沙蚕属 *Tripogon* Roem. et Schult.、茅根属 *Perotis* Ait.、显子草属 *Phaenosperma* Munro ex Benth. et Hook. f.、鼠尾粟属 *Sporobolus* R. Br.和结缕草属 *Zoysia* Willd.。

三芒草属 *Aristida* L.

本属约有150种，广布于温带和亚热带的干旱地区。我国有11种；海南有1种。本图鉴介绍华三芒草 A. chinensis Munro 1种。华三芒草抽穗前为牲畜喜食的饲料，也是沙荒的固沙植物。

3.1 华三芒草 *Aristida chinensis* Munro

别名 华三芒、台湾三芒草。

特征 小穗线形，灰绿色或紫色，长7～14mm；颖片窄披针形或线状披针形，具1脉，脉上粗糙，两颖不等长；外稃背部平滑，基盘尖硬，具短毛，毛长约0.5mm；芒粗糙而无毛，主芒长6～15mm，侧芒较短或与主芒等长。

产地 海南澄迈、东方、三亚、琼中、万宁；多生于山坡草地，海拔10～450m。

分布 台湾、福建、广西、广东等地。

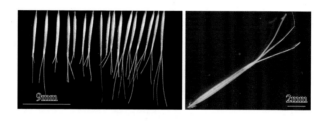

虎尾草属 *Chloris* Sw.

本属约有50种，产于热带至温带，美洲的种类最多。我国产4种，连同引种的1种共5种；海南有1种。本图鉴介绍异序虎尾草 *C. pycnothrix* Trinius、台湾虎尾草 *C. formosana*（Honda）Keng、非洲虎尾草 *C. gayana* Kunth 和虎尾草 *C. virgata* Sw. 4种。台湾虎尾草生于近海沙地上，可用作固沙植物；幼嫩时可为牲畜饲料。非洲虎尾草为很好的青贮饲料，其品质和抽穗初期的玉米、象草相似。虎尾草为各种牲畜食用的牧草。

3.2 异序虎尾草 *Chloris pycnothrix* Trinius

特征 小穗近无柄，两侧压扁，卵状披针形，长2.5～3.2mm，宽约1mm；颖片钻形，草质，微内弯，常带紫红色；第一小花外稃长卵形，质稍厚，微粗糙，无毛，上部略微两侧压扁，顶端具0.2mm的齿裂，芒自齿间伸出，长9～24mm；基盘具长0.3～0.6mm的柔毛；第二小花显著退化，仅存外稃，卵状披针形，长0.3～0.8mm，着生于小穗轴一侧，常包藏于第一小花内侧，先端具3～7mm的直芒。

产地 云南西部和南部；生于海拔480～1 450m的山地、路旁草丛中。

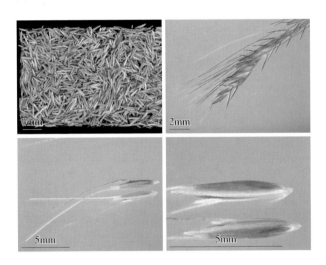

3.3 台湾虎尾草 *Chloris formosana*（Honda）Keng

特征 小穗长2.5～3mm；第一颖三角钻形，长1～2mm，具1脉，被微毛；第二颖长椭圆状披针形，膜质，长2～3mm，先端常具2～3mm短芒或无芒；第一小花两性，倒卵状披针形，外稃纸质，具3脉，侧脉靠近边缘，被稠密白色柔毛，上部之毛甚长而向下渐变短；芒长4～6mm；第二小花有内稃，长约1.5mm，上缘平钝，宽约1mm，具4mm左右的芒；第三小花仅存外稃，偏倒梨形，具长约2mm的芒。

产地 海南近海各地；生于海滨沙地。
分布 福建、台湾、广东。

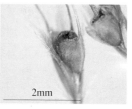

3.4 非洲虎尾草 *Chloris gayana* Kunth

别名 盖氏虎尾草（《中国主要植物图说：禾本科》）、无芒虎尾草（《英拉汉植物名称》）、澳大利亚虎尾草。

别名 小穗灰绿色，长4～4.5mm；颖膜质，具1脉；第一颖长约2mm；第二颖长约3mm；第一外稃长3～3.5mm，基盘及边脉具柔毛，脊的两侧具短毛，芒自近顶端以下伸出，长约4mm；内稃顶端微凹，稍短于外稃；不孕外稃2～3枚，第一枚较窄狭，先端尖而微凹，长约2.5mm，具长约3mm的芒。

产地 原产非洲，我国引种栽培；生于开旷草地及稀疏草原。

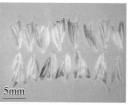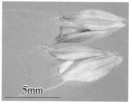

3.5 虎尾草 *Chloris virgata* Sw.

别名 棒槌草、刷子头（指示植物）、盘草、马蹄子草。

特征 小穗无柄，长约3mm；第一颖长约1.8mm，第二颖等长或略短于小穗，中脉延伸成长0.5～1mm的小尖头；第一小花两性，外稃纸质，两侧压扁，呈倒卵状披针形，长2.8～3mm，3脉，沿脉及边缘被疏柔毛或无毛，两侧边缘上部1/3处有长2～3mm的白色柔毛，顶端尖或有时具2微齿，芒自背部顶端稍下方伸出，长5～15mm；基盘具长约0.5mm的毛；第二小花长楔形，长约1.5mm，顶端截平或略凹，芒长4～8mm，自背部边缘稍下方伸出。颖果纺锤形，淡黄色，光滑无毛且半透明。

产地　遍布于全国各省区；多生于路旁荒野，河岸沙地、土墙及房顶上。

狗牙根属　*Cynodon* Rich.

　　本属约有10种，产于欧洲、亚洲的亚热带及热带。我国产2种及1变种；海南有2种。本图鉴介绍狗牙根 *C. dactylon*（L.）Pers. 1种。本种根茎蔓延力很强，广铺地面，为良好的固堤保土植物，常用以铺建草坪或球场；生长于果园或耕地时，则为难除灭的有害杂草；根茎可喂猪，牛、马、兔、鸡等喜食其叶；全草可入药，有凉血、解热、生肌之效。

3.6 狗牙根 *Cynodon dactylon*（L.）Pers.

别名　绊根草、爬根草(江苏)、咸沙草(海南)、铁线草(云南)。

特征　小穗灰绿色或带紫色，长2～2.5mm；颖长1.5～2mm，第二颖稍长，均具1脉，背部成脊而边缘膜质；外稃舟形，具3脉，背部明显成脊，脊上被柔毛；颖果长圆柱形。

产地　海南各地；多生长于旷野草地、道旁河岸、荒地山坡。

分布　我国黄河以南各省区。

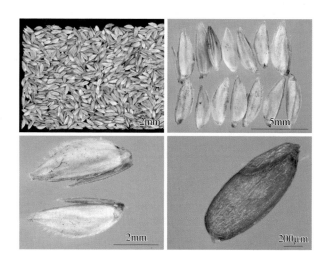

肠须草属 *Enteropogon* Nees

　　本属约有7种，产于东半球热带。我国产2种；海南有1种。本图鉴介绍肠须草*E. dolichostachyus*（Lag.）Keng和细穗肠须草*E. unispiceus*（F. Muell.）W. D. Clayton 2种。

3.7 肠须草 *Enteropogon dolichostachyus* (Lag.) Keng

别名 长穗虎尾草(海南)。

特征 小穗近无柄,披针形,长5.5 ~ 7mm;第一颖卵状披针形,先端渐尖,第二颖披针形,顶端长渐尖;第一小花两性,具3脉,脉间被疏短毛,顶端具2微齿;芒长8 ~ 16mm;基盘钝,具长约1mm的柔毛;不孕小花长约1.5mm,具长约5mm的细芒。颖果长椭圆形,褐红色,长约3mm。

产地 海南昌江、东方、三亚、陵水;多生于旷野草地或海边。

分布 台湾、云南南部、海南等地。

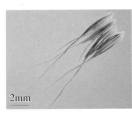
2mm

500μm

0.5mm

3.8 细穗肠须草 *Enteropogon unispiceus* (F. Muell.) W. D. Clayton

别名 细肠须草。

特征 小穗无柄,长约4mm;颖膜质,背部粗糙,具1显著中脉,披针形,顶端锐尖;第一颖长约为第二颖的1/3,后者具芒;外稃近革质,边缘内卷,具2微齿,

0.2cm

0.2cm

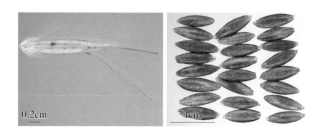

中脉延伸成芒，芒略长于外稃。颖果长约8mm。

　产地　我国仅见于台湾南部。

真穗草属　*Eustachys* Desv.

本属约有12种，多产于美洲热带地区、西印度群岛和南非热带地区。我国产1种。本图鉴介绍真穗草*E. tenera*（J. Presl）A. Camus 1种。

3.9 真穗草　*Eustachys tenera*（J. Presl）A. Camus

　特征　小穗长1～1.5mm；第一颖舟形，第二颖先端具0.5mm的短尖头，背部粗糙；外稃薄革质，卵形，具3脉，顶端钝，侧缘内卷，中脉及边缘具白色短柔毛，成熟时红棕色。颖果浅棕色，具3棱，长约0.7mm。

　产地　海南东方、三亚、琼海；多生于低海拔开旷草地或灌丛林下。

　分布　台湾、福建、广东等地。

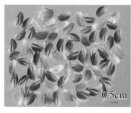

小草属　*Microchloa* R. Br.

　　本属约有5种，3种产于非洲，1种广布全球热带、亚热带干旱环境；我国产1种及1变种。本图鉴介绍小草 *M. indica* （L. f.） Beauv. 1种。本植物有固沙作用。

3.10　小草　*Microchloa indica*（L. f.）Beauv.

特征　小穗披针形，长2.2 ～ 2.8mm；颖膜质，等长于小穗，有时带紫褐色，无芒，具1脉；外稃膜质透明，先端长渐尖，背部具柔毛，具3脉，侧脉靠近边缘具白色长纤毛；内稃膜质，披针形，略短于外稃，具2脊，脊上被柔毛，稃间具微毛。颖果长圆形，黄褐色。

产地　海南文昌；多生于旷野旱草地或石上，也见于海边沙地。

分布　云南、广东、西藏等省（自治区）。

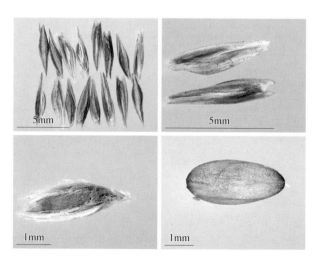

龙爪茅属 *Dactyloctenium* Willd.

本属约有10种,广布于东半球的温暖地区。我国产1种。本图鉴介绍龙爪茅 *D. aegyptium* (L.) Beauv. 1种。本植物可作牧草用,因该草富含生氰苷元,应注意放牧和刈割的适当时期,以免牲畜中毒;全草可入药,补气健脾;因该草具匍匐茎,常平卧地上成席状,故可作草皮草。

3.11 龙爪茅 *Dactyloctenium aegyptium* (L.) Beauv.

别名 竹目草、埃及指梳茅、野掌草_(广西)、风车草、油草。

特征 小穗长3~4mm;第一颖沿脊龙骨状凸起上具短硬纤毛,第二颖顶端具短芒,芒长1~2mm;外稃中脉成脊,脊上被短硬毛;内稃,其顶端2裂,背部具2脊,背缘有翼,翼缘具细纤毛。囊果球状,长约1mm。

产地 海南各地;多生于山坡或草地。

分布 华东、华南和中南等各地。

5mm 5mm 1mm

䅟属 *Eleusine* Gaertn.

本属有9种,全产于热带和亚热带。我国2种,海南均产。本图鉴介绍䅟 *E. coracana* (L.) Gaertn.和牛筋草 *E. indica* (L.) Gaertn. 2种。䅟茎秆可用作编织和造纸或作家畜饲料,种子可食用或供酿造。牛筋草根系极发达,秆叶强韧,全株可作饲料,又为优良保土植物；全草煎水服，可防治乙型脑炎。

3.12 䅟 *Eleusine coracana* (L.) Gaertn.

别名 䅟子、龙爪稷、鸭距粟 (广东)、龙爪粟、拳头粟、鸭脚粟。

特征 小穗长7～9mm；颖坚纸质，顶端急尖；外稃三角
状卵形，顶端急尖，背部具脊，脊缘有狭翼，长约
4mm。果为囊果，近球形，黄棕色，表面皱缩，种脐
点状。

产地 海南儋州、白沙、昌江、东方、三亚、保亭、陵水；
生于山坡草地、山谷和溪边丛林中。

分布 我国长江以南及安徽、河南、陕西、西藏等地有栽培。

3.13 牛筋草 *Eleusine indica* (L.) Gaertn.

别名 蟋蟀草、百夜草、千金草、䅟子草。

特征 小穗长4～7mm，宽2～3mm；颖披针形，具脊，脊粗
糙；第一颖长1.5～2mm；第二颖长2～3 mm；第一外
稃长3～4 mm，卵形，膜质，具脊，脊上有狭翼。囊果
卵形，长约1.5mm，基部下凹，具明显的波状皱纹。

产地 海南各地；多生于荒芜之地及道路旁。

分布 我国南北各地。

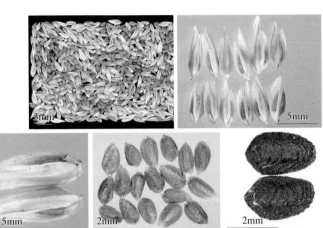

尖稃草属 *Acrachne* Wight et Arn. ex Chiov.

　　本属有2种，1种特产非洲，我国有另1种；海南有1种。本图鉴介绍尖稃草 *A. racemosa*（Heyne ex Roem. et Schult.）Ohwi 1种。尖稃草为牲畜的优良饲料。

3.14 尖稃草 *Acrachne racemosa* (Heyne ex Roem. et Schuit.) Ohwi

别名 微药假龙爪茅。

特征 小穗长椭圆形，无柄，两侧压扁，成熟时草黄色，长6～10mm；外稃硬纸质或厚膜质，宽卵形，主脉延伸成0.5～1mm的芒，成熟时自下而上脱落。囊果红褐色。

产地 海南东方、乐东、白沙；多生于海拔350～900m斜坡干燥地、小田坝及江边。

分布 云南西南部及海南。

0.5cm 1mm 0.5mm

羽穗草属 *Desmostachya*（Stapf）Stapf

本属仅有1种，产于我国海南、印度及非洲。本图鉴介绍羽穗草 *D. bipinnata*（L.）Stapf 1种。本植物生于沙荒或半沙荒地，根茎广展，为优良的固沙植物，亦可作为沙荒地的牧草。

3.15 羽穗草 *Desmostachya bipinnata*（L.）Stapf

特征　小穗草黄色或带紫色，长2～9mm；第一颖短，长 0.75～1mm，第二颖长约1.5mm；外稃卵状披针形； 内稃具2脊，脊上部粗糙。

产地　海南三亚；生于沙荒或半沙荒地。

分布　海南。

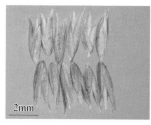 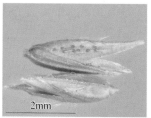

2mm 2mm

画眉草属 *Eragrostis* Wolf

本属约有300种，多产于全世界的热带与温带区域。我国连同引种共约29种1变种；海南有14种。本图鉴介绍鼠妇草

19

E. atrovirens（Desf.）Trin. ex Steud.、大画眉草 *E. cilianensis*（All.）Link ex Vignolo-Lutati、弯叶画眉草 *E. curvula*（Schrad.）Nees.、短穗画眉草 *E. cylindrica*（Roxb.）Nees、知风草 *E. ferruginea*（Thunb.）Beauv.、海南画眉草 *E. hainanensis* Chia、华南画眉草 *E. nevinii* Hance、黑穗画眉草 *E. nigra* Nees ex Steud.、宿根画眉草 *E. perennans* Keng、疏穗画眉草 *E. perlaxa* Keng、画眉草 *E. pilosa*（L.）Beauv.、多秆画眉草 *E. multicaulis* Steud.、红脉画眉草 *E. rufinerva* Chia、牛虱草 *E. unioloides*（Retz.）Nees ex Steud.、长画眉草 *E. brownii*（Kunth）Nees、高画眉草 *E. alta* Keng、纤毛画眉草 *E. ciliata*（Roxb.）Nees、乱草 *E. japonica*（Thunb.）Trin.、鲫鱼草 *E. tenella*（L.）Beauv. ex Roem. et Schult.等19种。大画眉草可作青饲料或晒制牧草。弯叶画眉草常栽培作牧草或布置庭园。短穗画眉草可做牧草。知风草为优良饲料；根系发达，固土力强，可作保土固堤之用；全草入药可舒筋散瘀。宿根画眉草株高、丛大、叶量丰富，抽穗期茎叶柔软，牛喜食；可放牧利用或者青割饲喂、调制成干草；在平坦潮湿地建立人工割草场时可利用该草种。乱草以全草入药。画眉草秆叶柔嫩，为优良饲料；药用治跌打损伤。鲫鱼草可做牧草，全草入药可清热凉血。

3.16 鼠妇草 *Eragrostis atrovirens*（Desf.）Trin. ex Steud.

别名　长穗鼠妇草、卡氏画眉草、深绿画眉草、常绿画眉草。

特征　小穗窄矩形，深灰色或灰绿色，长5～10mm，宽约2.5mm；第一颖长约1.2mm，卵圆形，先端尖；第二颖长约2mm，长卵圆形，先端渐尖；第一外稃广卵形，先端尖，具3脉，侧脉明显；内稃脊上有疏纤毛，与外稃同时脱落。颖果长约1mm。

产地　海南各地；多生于路边和溪旁。

分布　广东、广西、四川、贵州、云南等省（自治区）。

2mm　　　　2mm　　　　0.5mm

3.17 大画眉草　*Eragrostis cilianensis*（All.）Link ex Vignolo-Lutati

别名　宽叶草、大画眉、蚊蚊草。

特征　小穗长圆形或卵状长圆形，墨绿色带淡绿色或黄褐色，扁压并弯曲，长5～20mm，宽2～3mm；外稃呈广卵形，先端钝，第一外稃长约2.5mm，宽约1mm，侧脉明显，主脉有腺体，暗绿色而有光泽；内稃宿存，稍短于外稃，脊上具短纤毛。颖果近圆形，径约0.7mm。

产地　海南三亚；生于荒芜草地上。

分布　全国各地。

5mm　　　　1mm　　　　0.5mm

3.18 弯叶画眉草　*Eragrostis curvula*（Schrad.）Nees.

特征　小穗长6～11mm，宽1.5～2mm，铅绿色；颖披针形，先端渐尖，均具1脉。第一外稃长约2.5mm，广长圆形，先端尖或钝，具3脉。颖果长椭圆形。

产地　我国江苏、湖北、广西均有栽培。

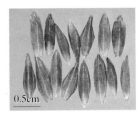

0.5cm   0.2cm   0.2cm

3.19 短穗画眉草 *Eragrostis cylindrica*（Roxb.）Nees

特征 小穗黄褐色或微紫色，长圆形，长约0.7cm，宽2.5～3mm；第一外稃长约2mm，长圆形，先端急尖，侧脉突出明显；内稃长约1.8mm，先端尖，稍弯曲，脊上及边缘均具纤毛。颖果黄色透明，长约1mm，椭圆形。

产地 海南各地；多生于山坡荒地或旷野草地上，亦有生于干瘠沙土上的。

分布 江苏、安徽、福建、台湾、广东、广西等省（自治区）。

5mm   5mm

2mm   1mm

22

3.20 知风草 *Eragrostis ferruginea* (Thunb.) Beauv.

别名 梅氏画眉草、程咬金、香草、知风画眉草、露水草。

特征 小穗长圆形，长 5 ~ 10mm，宽 2 ~ 2.5mm，多带黑紫色，有时也出现黄绿色；颖开展，具 1 脉，第一颖披针形，长 1.4 ~ 2mm，先端渐尖；第二颖长 2 ~ 3mm，长披针形，先端渐尖；外稃卵状披针形，先端稍钝；内稃短于外稃，脊上具有小纤毛，宿存。颖果棕红色，长约 1.5mm。

产地 南北各地；生于路边、山坡草地。

3.21 海南画眉草 *Eragrostis hainanensis* Chia

特征 小穗排列紧密，长圆形，淡绿色，或带紫红色，长 0.7 ~ 1.5cm，宽约 2mm，有时稍弯曲；颖膜质，近等长，约 1mm，具 1 脉，卵形；内稃长约 1mm，具 2 脊，脊上有纤毛，稍缓落。颖果半透明，红棕色。

产地 特产于海南，见于东方；生于旷野草地。

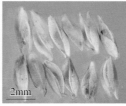

3.22 华南画眉草 *Eragrostis nevinii* Hance

别名 广东画眉草、尼氏画眉草、清远画眉草、石骨儿。

特征 小穗长圆形或线状长圆形，长4～8mm，宽2～3mm，黄色或略带紫色；颖披针形，具1脉；第一外稃长约2.5mm，卵圆形，先端尖，具3脉，侧脉明显；内稃长约2mm，先端有齿，宿存。颖果褐色透明，长圆形略扁，长约1mm。

产地 海南三亚；生于荒地、山坡上。

分布 华南及台湾、上海等地。

3.23 黑穗画眉草 *Eragrostis nigra* Nees ex Steud.

别名 黑画眉草、露水草、牛草、万人羞、蚊子草、画眉草。

特征 小穗长3～5mm，宽1～1.5mm，黑色或墨绿色；颖披针形，先端渐尖，膜质；外稃长卵圆形，先端膜质；内稃稍短于外稃，弯曲，脊上有短纤毛，先端圆钝，宿存。颖果椭圆形，长1mm。

产地 云南、贵州、四川、广西、江西、河南、陕西、甘肃等地；多生于山坡草地。

3.24 宿根画眉草 *Eragrostis perennans* Keng

特征 小穗柄长1～5mm，小穗黄色带紫色，长5～20mm，宽2～3mm；颖广披针形，先端渐尖；外稃长圆状披针形，先端尖，第一外稃长约2.5mm，具3脉，侧脉明显而突出；内稃长约2mm，脊上具纤毛，宿存。颖果棕褐色，椭圆形，微扁，长约0.8mm。

产地 海南定安、儋州、琼中、保亭、琼海；生于田野路边以及山坡草地。

分布　广东、广西、贵州及福建等省（自治区）。

3.25　疏穗画眉草　*Eragrostis perlaxa* Keng

别名　疏花画眉草。

特征　小穗线形或矩形，长0.5～2.5cm，宽约3mm，草黄色带灰绿色；外稃广卵形，先端急尖，侧脉明显；内稃脊上有纤毛，宿存。颖果长约0.6mm。

产地　广东、广西及台湾。

3.26　画眉草　*Eragrostis pilosa*（L.）Beauv.

别名　星星草、蚊子草、绣花草、柳眉草。

特征　小穗长3～10mm，宽1～1.5mm；颖膜质，披针形，

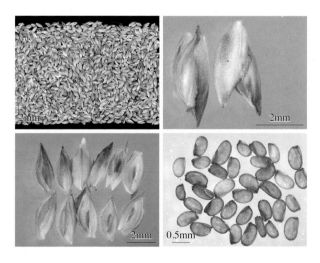

先端渐尖；第一外稃长约1.8mm，广卵形，先端尖，具3脉；内稃长约1.5mm，稍作弓形弯曲，脊上有纤毛，迟落或宿存。颖果长圆形，长约0.8mm。

产地 海南各地；多生于荒芜田野草地上。

分布 全国各地。

3.27 多秆画眉草 *Eragrostis multicaulis* Steud.

别名 美丽画眉草、无毛画眉草、复秆画眉草、多秆画眉草。

特征 小穗线形，密集，长约0.5cm，宽约1mm，覆瓦状排列；小穗轴呈"之"字形，小穗柄长0.2～0.5cm；第一颖长约0.4mm，无脉，第二颖长约1.2mm，具1脉；外稃广卵形，先端急尖，带紫色，具3脉；内稃先端圆钝，脊上有短毛，长约1.2mm，成熟后与外稃同时脱落。颖果长椭圆形，一边截平，长1～1.2mm，具紫色斑纹。

产地 特产海南。

分布 东北、华北、华南、长江流域各地。

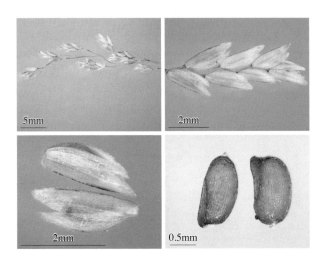

5mm

2mm

2mm

0.5mm

3.28 红脉画眉草 *Eragrostis rufinerva* Chia

特征 小穗长3～7mm，宽2～2.5mm，灰绿色，长圆形或椭圆形，紧密覆瓦状排列，小穗轴宿存；外稃广卵形，先端急尖；第一外稃长约1.5mm，边缘膜质，具3脉，侧脉粉红色或黄色。颖果棕红色，椭圆形，长约0.6mm。

产地 海南特产，见于东方和定安；生于旷野草地。

3.29 牛虱草 *Eragrostis unioloides*（Retz.）Nees ex Steud.

别名 虱草、虱艇草 (广东)、片虱草。

特征 小穗长圆形或锥形，长5～10mm，宽2～4mm；颖披针形，先端尖，具1脉；第一外稃长约2mm，广卵圆

形，侧脉明显隆起，并密生细点，先端急尖；内稃稍短于外稃，长约1.8mm，具2脊，脊上有纤毛，成熟时与外稃同时脱落。颖果椭圆形，长约0.8mm。

产地 海南各地；生于荒山、草地、庭园、路旁等地。

分布 华南各地和云南、江西、福建、台湾等地。

3.30 长画眉草 *Eragrostis brownii*（Kunth）Nees

别名 长穗画眉草、铺地草(海南)、马陆草。

特征 小穗铅绿色或暗棕色，长椭圆形，长4～15mm，宽1.5～2mm；颖卵状披针形，顶端尖；外稃卵圆形，顶端锐尖，长约2mm，具3脉；内稃稍短于外稃，长约1.5mm，脊上有毛，顶端微凹。颖果黄褐色，透明，长约0.5mm。

产地 海南各地；生态适应性广。

分布 华东、华南、西南等地。

3.31 高画眉草 *Eragrostis alta* Keng

特征 小穗柄直立或弯曲，小花在小穗轴上排列松散，黄绿色，无毛；颖膜质，近等长，长约0.7mm，卵圆形，具1脉，先端钝；第一外稃长约1mm，具3脉，先端钝或稍急尖；内稃脊间折合，脊上无毛，或略有短纤毛。

产地 特产于海南，见于昌江；生于林下潮湿沙土上。

2mm   1mm   500μm

3.32 纤毛画眉草 *Eragrostis ciliata*（Roxb.）Nees

特征 小穗长4 ~ 6mm，宽约3mm，成熟后小穗轴自上而下逐渐断落。颖膜质，披针形，先端短尖，背脊和边缘均有毛；外稃膜质，第一外稃长2 ~ 2.5mm，具明显的3脉，侧脉远离边缘，先端具短尖，背部及边缘被短毛，脊亦被长纤毛。颖果红褐色，卵圆形，长约0.5mm。

产地 海南西南部近海地区；多生于山坡灌木丛下。

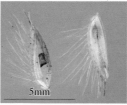

5mm   5mm   1mm

3.33 乱草 *Eragrostis japonica*（Thunb.）Trin.

别名 碎米知风草《植物学大辞典》、旱田草、须须草、乱子草、日本画眉草、日本鲫鱼草。

特征 小穗卵圆形，长1 ~ 2mm；颖近等长，长约0.8mm，先端钝，具1脉；第一外稃长约1mm，广椭圆形，先端钝，具3脉，侧脉明显。颖果棕红色并透明，卵圆形，长约0.5mm，宽约0.2mm。

产地 安徽、浙江、台湾、湖北、江西、广东、云南等地；生于田野路旁、河边及潮湿地。

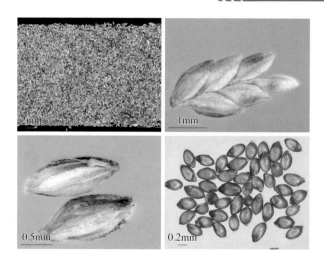

3.34 鲫鱼草 *Eragrostis tenella*（L.）Beauv. ex Roem. et Schult.

别名 南部知风草、碎米知风草、小画眉、南方知风草、柔弱画眉草。

特征 小穗卵形至长卵状圆形，长约2mm；颖膜质，具1脉；第一外稃长约1mm，有明显紧靠边缘的侧脉，先端钝；内稃脊上具有长纤毛。颖果长圆形，深红色，长约0.5mm。

产地 海南西南部和西北部沿海地区；生于田野或荫蔽之处。

分布 湖北、福建、台湾、广东、广西等地。

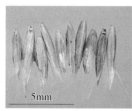 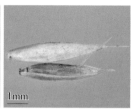 

千金子属 *Leptochloa* Beauv.

本属约有20种，主要产于全球的温暖区域；我国有3种，海南均有。本图鉴介绍双稃草*L. fusca* L. Kunth、千金子*L. chinensis* (L.) Nees和虮子草*L. panicea* (Retz.) Ohwi 3种。双稃草可作牛的饲料。千金子可作牧草。虮子草草质柔软，为优良牧草。

3.35 双稃草 *Leptochloa fusca* (L.) Kunth

特征 小穗灰绿色，近圆柱形，长6～10mm；颖膜质，具1脉；外稃背部圆形，先端全缘或常具2齿裂，具3脉，中脉从齿间延伸成长约1mm的短芒，侧脉下部1/2处疏被柔毛，基盘两侧有稀疏柔毛，第一外稃长4～5mm；内稃略短于外稃，先端近于截平，脊上部呈短纤毛状。

产地 海南三亚；多生于潮湿之地。

分布 辽宁、河北、河南、山东、江苏、安徽、浙江、台湾、福建、湖北、广东等地。

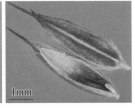

3.36 千金子 *Leptochloa chinensis* (L.) Nees

别名 油草(海南)、雀儿舌头、畔茅、绣花草、油麻黑、构叶千斤子。

特征 小穗多带紫色，长2～4mm；颖具1脉，脊上粗糙；外稃顶端钝，无毛或下部被微毛，第一外稃长约1.5mm；

花药长约0.5mm。颖果长圆球形，长约1mm。

产地 海南各地；生于海拔200～1 020m潮湿之地。

分布 我国东南部、南部和西南部等省（自治区）。

3.37 虮子草 *Leptochloa panicea*（Retz.）Ohwi

别名 细千金子（海南）、矶子草、蜡子草、千金子、细千斤子。

特征 小穗灰绿色或带紫色，长1～2mm；颖膜质，具1脉，脊上粗糙；外稃具3脉，脉上被细短毛，第一外稃长约1mm，顶端钝；内稃稍短于外稃，脊上具纤毛。颖果圆球形，长约0.5mm。

产地 海南三亚、东方、儋州；多生于田野路边和园圃内。

分布 我国东南部、南部和西南部。

草沙蚕属　*Tripogon* Roem. et Schult.

本属约有30种，多数产于亚洲和非洲，大洋洲有1种，美洲有2种；我国现有6种。本图鉴介绍草沙蚕*T. bromoides* Roem. et Schult.和线形草沙蚕*T. filiformis* Nees ex Stend. 2种。本属植物多数可作饲料。

3.38 草沙蚕　*Tripogon bromoides* Roem. et Schult.

别名　草纱蚕。

特征　小穗铅绿色，长5 ~ 8（10）mm；颖膜质，具1强壮的脉，第一颖长2.5 ~ 3mm，上部贴向穗轴一侧常具小裂片，第二颖长3.5 ~ 4.5mm，先端2裂，裂齿间伸出短芒，芒长0.5 ~ 0.8（1.2）mm；外稃无毛，具3脉，脉均延伸成直芒，第一外稃长3 ~ 3.5mm，主芒长3 ~ 4mm，侧芒长1 ~ 1.5mm，芒间裂片锐尖，长0.5 ~ 1mm；内稃短于外稃，脊上具小纤毛，先端具纤毛。

产地　西藏、青海、四川、云南等省（自治区）；生于海拔

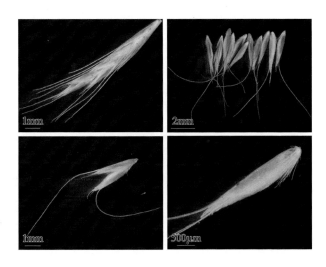

2 700 ～ 4 300m干热河谷及山坡上。

3.39 线形草沙蚕 *Tripogon filiformis* Nees ex Stend.

别名 线形草纱蚕、线叶草沙蚕、绒形草沙蚕、线形草砂蚕、小草沙蚕。

特征 小穗铅绿色，长8 ～ 13mm，小穗轴具少量毛；第一颖长2 ～ 3mm，其一侧常具小裂片，第二颖长4 ～ 5mm，先端尖或2裂，自裂齿间伸出小尖头，第一颖下常有1小苞片（长不及1.5mm）而形成3颖；外稃无毛或近先端被微刺毛，具3脉，均延伸成芒，主芒反曲，长5 ～ 8mm，侧芒长1 ～ 3mm，芒间裂片先端尖或钝，第一外稃长3 ～ 3.5mm；基盘毛长短不一，长0.5 ～ 2mm；内稃略长或略短于外稃，沿脊密生纤毛，先端钝并有纤毛，脊间被微小刺毛。颖果长柱形。

产地 西藏、陕西、浙江、江西、湖南、四川、贵州、云南、广东等省（自治区）；生于海拔300 ～ 3 200m山坡草地、河谷灌丛中、路边、岩石和墙上。

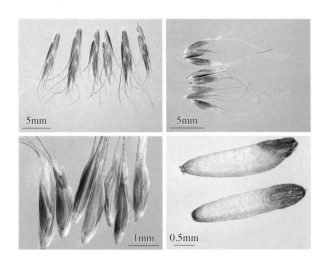

茅根属 *Perotis* Ait.

本属约有10种，产于亚洲、非洲和大洋洲的热带和亚热带地区。我国现知有3种；海南产2种。本图鉴介绍茅根 *P. indica*（L.）Kuntze 1种。本种根可入药。

3.40 茅根 *Perotis indica*（L.）Kuntze

别名 茅草、白茅草、白茅根。

特征 小穗（不连芒）长2～2.5mm，基部具0.2～0.3mm的基盘；颖披针形，顶端钝或尖，被细小散生的柔毛，中部具1脉，自顶端延伸成1～2cm的细芒；外稃透明膜质，具1脉，长约1mm，内稃略短于外稃，具不明显的2脉。

产地 海南海口、澄迈、定安、琼中、万宁、三亚；生于平原溪边、岸旁湿润草地。

分布 台湾、广东、海南、云南、福建。

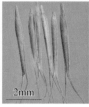

显子草属 *Phaenosperma* Munro ex Benth. et Hook. f.

本属仅有1种，东亚特产。本图鉴介绍显子草 *P. globosa* Munro ex Benth. 1种。本种全草可入药。

3.41 显子草 *Phaenosperma globosa* Munro ex Benth.

特征 小穗背腹压扁，长4～4.5mm；两颖不等长，第一颖长 2～3mm，具明显的1脉或具3脉，两侧脉甚短，第二颖长约4mm，具3脉。颖果倒卵球形，长约3mm，黑褐色，表面具皱纹，成熟后露出稃外。

产地 甘肃、西藏、陕西及华北、华东、中南、西南等省（自治区）；生于山坡林下、山谷溪旁及路边草丛，海拔150～1 800m。

鼠尾粟属 *Sporobolus* R. Br.

本属约有150种，广布于全球热带地区，美洲产最多。我国有5种，引种1种；海南有2变种和1变型。本图鉴介绍双蕊鼠尾粟 *S. diandrus*（Retzius）P. Beauv.、鼠尾粟 *S. fertilis*（Steud.）W. D. Glayt.、毛鼠尾粟 *S. pilifer*（Trinius）Kunth 和盐地鼠尾粟 *S. virginicus*（L.）Kunth 4种。鼠尾粟抽穗前叶柔软，无异味，牛、羊、马均采食；成熟后，适口性下降，羊喜食其种子；鼠尾粟的全草或根可药用。盐地鼠尾粟根茎非常发达，蔓延迅速，用作海边或沙滩的防沙固土植物。

3.42 双蕊鼠尾粟 *Sporobolus diandrus*（Retzius）P. Beauv.

特征 小穗深灰绿色，长1.15～2mm；颖膜质，第一颖甚小，先端钝或呈裂齿状，无脉，第二颖较长，可达1mm，先端尖或钝，具1不明显中脉。囊果倒卵圆形至长圆形，成熟后红棕色，长约1mm。

产地 四川（雅安）、云南（河口）、贵州（望膜县）、广西、广东、福建、台湾等地；生于山坡、路旁草地或海岸、田野。

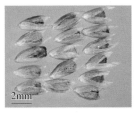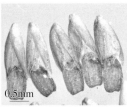

3.43 鼠尾粟 *Sporobolus fertilis*（Steud.）W. D. Glayt.

别名 钩耜草、狗屎草、老鼠尾、鼠尾草。

特征 小穗灰绿色且略带紫色，长1.7～2mm；颖膜质，第一颖小，长约0.5mm，先端尖或钝，具1脉。囊果成熟后红褐色，明显短于外稃和内稃，长1～1.2mm，长圆状倒卵形或倒卵状椭圆形，顶端截平。

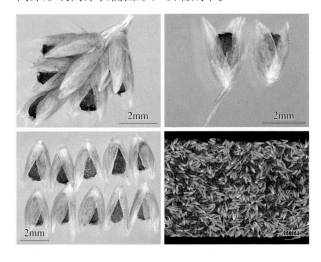

产地 海南各地；生于海拔120～2 600m的田野路边、山坡草地及山谷湿处和林下。

分布 我国长江以南诸省及陕西省。

3.44 毛鼠尾粟 *Sporobolus pilifer*（Trinius）Kunth

特征 小穗长2～3mm；颖片先端渐尖，第一颖长约为小穗的1/2，无脉，第二颖等长或稍短于外稃，具1脉。囊果椭圆形，成熟后红褐色，长约1.8mm。

产地 江西、浙江等省；生于湿地或田野中。

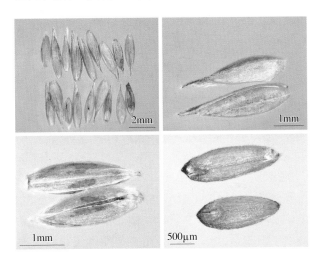

3.45 盐地鼠尾粟 *Sporobolus virginicus*（L.）Kunth

特征 小穗灰绿色或变草黄色，长2～3mm，小穗柄稍粗糙，贴生；颖质薄，光滑无毛，先端尖，具1脉，第一颖长约2.5mm，第二颖长2～2.5mm。

产地 海南沿海地区；生于沿海的海滩盐地、田野沙土中、河岸或石缝间。

分布 广东、福建、浙江、台湾等地。

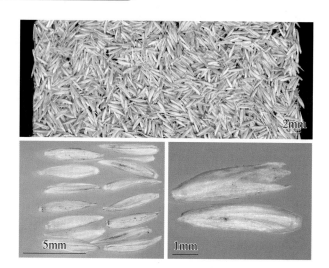

结缕草属　*Zoysia* Willd.

　　本属约10种，产于非洲、亚洲和大洋洲的热带和亚热带地区；美洲有引种。我国现知有5种和1变种；海南有1种。本图鉴介绍结缕草Z. *japonica* Steud.、沟叶结缕草Z. *matrella*（L.）Merr.和细叶结缕草Z. *pacifica*（Goudswaard）M. Hotta & S. Kuroki 3种。结缕草具横走根茎，易于繁殖，适作草坪。沟叶结缕草常栽种于花坛内作封闭式花坛草坪或作草坪造型供人观赏；因其耐践踏性强，故也可用作运动场、飞机场及各种娱乐场所的美化植物。细叶结缕草是铺建草坪的优良禾草，因草质柔软，尤宜铺建儿童公园的草坪。

3.46 结缕草　*Zoysia japonica* Steud.

别名　延地青（浙江宁波土名）、锥子草（《东北植物志》）、老虎皮草、爬藤草、日本结缕草。

特征　小穗长2.5～3.5mm，宽1～1.5mm，卵形，淡黄绿色或带紫褐色，第一颖退化，第二颖质硬，略有光泽，

具1脉，顶端钝头或渐尖，于近顶端处由背部中脉延伸
成小刺芒。

产地 东北、河北、山东、江苏、安徽、浙江、福建、台湾；
生于平原、山坡或海滨草地上。

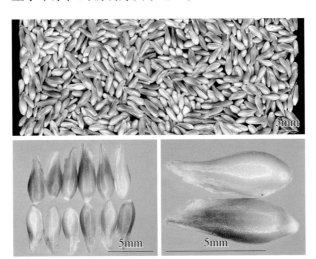

3.47 沟叶结缕草 *Zoysia matrella*（L.）Merr.

别名 马尼拉草、半细叶结缕草。

特征 小穗长2～3mm，宽约1mm，卵状披针形，黄褐色或
略带紫褐色；第一颖退化，第二颖革质，具3（5）脉，
沿中脉两侧压扁。

产地 海南海口；生于海岸沙地上。

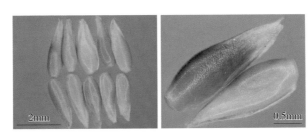

分布 台湾、广东、海南。

3.48 细叶结缕草 *Zoysia pacifica*（Goudswaard）M. Hotta & S. Kuroki

别名 天鹅绒草。

特征 小穗窄狭，黄绿色，或有时略带紫色，长约3mm，宽约0.6mm，披针形；第一颖退化，第二颖革质，顶端及边缘膜质，具不明显的5脉。

产地 我国南部地区，其他地区亦有引种栽培。

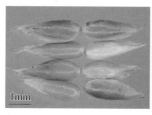
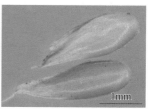

4 稻亚科 Oryzoideae

分布于全世界的热带至暖温带地区。我国有6属。本图鉴介绍3属4种，包括假稻属 *Leersia* Soland. ex Swartz.、稻属 *Oryza* L.和菰属 *Zizania* L.。

假稻属 *Leersia* Soland. ex Swartz.

本属有20种，分布于两半球的热带至温暖地带。我国有4种；海南有1种。本图鉴介绍李氏禾*L. hexandra* Swartz 和蓉草*L. oryzoides*（L.）Swartz. 2种。李氏禾全株可供观赏，尤其是装饰水面；在生态恢复工程中，可作为该区域的先锋植物；人工湿地建设中，对污水的适应能力较好，作为氧化塘前处理植物应用广泛，效果也比较明显。蓉草秆叶可作牲畜饲料。

4.1 李氏禾 *Leersia hexandra* Swartz

别名 假稻、六蕊稻草、六蕊假稻、水游草、游丝草。

特征 小穗长3.5 ~ 4mm，宽约1.5mm，具长约0.5mm的短柄；颖不存在；外稃5脉，脊与边缘具刺状纤毛，两侧具微刺毛；脊生刺状纤毛。颖果长约2.5mm。

产地 广西、广东、海南、台湾、福建；生于河沟田岸水边湿地。

4.2 蓉草 *Leersia oryzoides* (L.) Swartz.

别名 秕壳草、稻状游草、新源假稻。

特征 小穗长约5（6）mm，宽1.5～2mm，长椭圆形，先端具短脉，基部具短柄；外稃压扁，散生糙毛，脊具刺状纤毛；内稃与外稃相似，较窄而具3脉，脊上生刺毛。颖果长圆形，压扁。

产地 海南东方、澄迈、琼中、保亭、三亚；生于河岸沼泽湿地，海拔400～1 100m。

分布 台湾、福建、广东、广西。

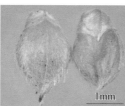

稻属 *Oryza* L.

本属约有24种。分布于两半球热带、亚热带的亚洲、非洲、大洋洲及美洲。我国产4种，引种栽培2种；海南有3种。本图鉴介绍疣粒稻*O. meyeriana* subsp. *granulata*（Nees & Arnott ex Watt）Tateoka 1种。疣粒稻具有多项抗病虫害功能，对提升粮食产量，保障粮食安全和保护生态环境都具有重要的战略意义。

4.3 疣粒稻 *Oryza meyeriana* subsp. *granulata*（Nees & Arnott ex Watt）Tateoka

别名 鬼稻 (海南)、疣粒野稻。

特征 小穗长圆形，长约6mm，约为宽的3倍，浅绿色或灰色；颖退化仅留痕迹；不孕外稃锥状，长约1mm，具1脉，无毛，孕性外稃无芒，顶端钝或有短小的3齿，表面具不规则小疣点。颖果长3～4mm。

产地 海南三亚、万宁、文昌；生于丘陵、林地，海拔（200）500～1 000m。

分布 广东、海南、云南、广西。

 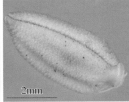 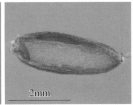

菰属 *Zizania* L.

本属有4种，1种为广布种，主产东亚，其余产北美。我国有1种，近年从北美引种2种。本图鉴介绍菰Z. *latifolia*（Griseb.）Stapf 1种。菰的经济价值大，秆基嫩茎为真菌寄生后，粗大肥嫩，称茭瓜，是美味的蔬菜；颖果称菰米，作饭食用，有营养保健价值；全草为优良的饲料，为鱼类的越冬场所；固堤造陆的先锋植物；茎秆及叶纤维细长，可作造纸原料。

4.4 菰 *Zizania latifolia*（Griseb.）Stapf

别名 茭儿菜（《救荒野谱》）、茭包（《群芳谱》）、茭笋（《救荒本草》）、芒婆草

(海南)、高笋、菰笋、菰首、茭首、菰菜、茭白、野茭白、茭瓜。

特征 雌小穗圆筒形，长 18 ～ 25mm，宽 1.5 ～ 2mm；外稃 5 脉粗糙，芒长 20 ～ 30mm，内稃具 3 脉。颖果圆柱形，长约 12mm。

产地 我国南北各地，常见栽培。

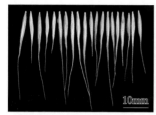
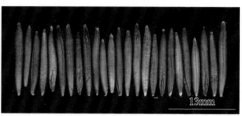

5 黍亚科 Panicoideae

常分布在热带和亚热带地区，少数种类延至温带；我国有7族90属。本图鉴介绍59属168种。包括：

高粱族 Trib. Andropogoneae Dumort. 8亚族29属60种：①须芒草亚族 Subtrib. Andropogoninae Presl 中须芒草属 *Andropogon* Linn.、香茅属 *Cymbopogon* Spreng.、裂稃草属 Schizachyrium Nees；②菅亚族 Subtrib. Anthistiriinae 中黄茅属 *Heteropogon* Pers.、苞茅属 *Hyparrhenia* Anderss. ex Fourn.、菅属 *Themeda* Forssk.；③荩草亚族 Subtrib. Arthraxoninae 的荩草属 *Arthraxon* Beauv.；④雁茅亚族 Subtrib. Dimeriinae 的雁茅属 *Dimeria* R. Br.；⑤鸭嘴草亚族 Subtrib. Ischaemineae 中水蔗草属 *Apluda* Linn.、鸭嘴草属 *Ischaemum* Linn.、沟颖草属 *Sehima* Forssk.；⑥筒轴茅亚族 Subtrib. Rottboelliinae 中蜈蚣草属 *Eremochloa* Buse、球穗草属 *Hackelochloa* Kuntze、牛鞭草属 *Hemarthria* R. Br.、毛俭草属 *Mnesithea* Kunth、筒轴茅属 *Rottboellia* Linn. f.；⑦甘蔗亚族 Subtrib. Saccharinae 中大油芒属 *Eccoilopus* Steud.、黄金茅属 *Eulalia* Kunth、莠竹属 *Microstegium* Nees、芒属 *Miscanthus* Anderss.、河八王属 *Narenga* Bor、金发草属 *Pogonatherum* Beauv.、单序草属 *Polytrias* Hack.、甘蔗属 *Saccharum* Linn.；⑧高粱亚族 Subtrib. Sorghinae 中孔颖草属 *Bothriochloa* Kuntze、细柄草属 *Capillipedium* Stapf、金须茅属 *Chrysopogon* Trin.、双花草属 *Dichanthium* Willemet、高粱属 *Sorghum* Moench。

野古草族 Trib. Arundinelleae 的野古草属 *Arundinella* Raddi 4种。

耳稃草族 Trib. Garnotieae 的耳稃草属 *Garnotia* Brongn. 1种。

柳叶箬族 Trib. Isachneae 的小丽草属 *Coelachne* R. Br.、柳叶箬属 *Isachne* R. Br.、稃荩属 *Sphaerocaryum* Nees ex Hook. f. 4 种。

玉蜀黍族 Trib. Maydeae 的薏苡属 *Coix* Linn.、类蜀黍属 *Euchlaena* Schrad.、多裔草属 *Polytoca* R. Br. 3 种。

黍族 Trib. Paniceae 6 亚族 22 属 94 种：①蒺藜草亚族 Subtrib. Cenchrinae 中蒺藜草属 *Cenchrus* L.、狼尾草属 *Pennisetum* Rich.；②糖蜜草亚族 Subtrib. Melinidinae 的糖蜜草属 *Melinis* Beauv.；③黍亚族 Subtrib. Panicinae Reichb. 中弓果黍属 *Cyrtococcum* Stapf、距花黍属 *Ichnanthus* Beauv.、露籽草属 *Ottochloa* Dandy、黍属 *Panicum* L.、囊颖草属 *Sacciolepis* Nash；④类雀稗亚族 Subtrib. *Paspalidiinae* 中类雀稗属 *Paspalidium* Stapf、钝叶草属 *Stenotaphrum* Trin.；⑤雀稗亚族 Subtrib. Paspalinae 中凤头黍属 *Acroceras* Stapf、毛颖草属 *Alloteropsis* J. S. Presl ex Presl、地毯草属 *Axonopus* Beauv.、臂形草属 *Brachiaria* Griseb.、马唐属 *Digitaria* Haller、稗属 *Echinochloa* Beauv.、野黍属 *Eriochloa* Kunth、膜稃草属 *Hymenachne* Beauv.、求米草属 *Oplismenus* Beauv.、雀稗属 *Paspalum* L.、尾稃草属 *Urochloa* Beauv.；⑥狗尾草亚族 Subtrib. Setariinae Dum. 的狗尾草属 *Setaria* Beauv.。

须芒草属 *Andropogon* Linn.

本属约有 100 种，多产于世界温暖地区。我国约 3 种，产于华南、西南等地区；海南有 1 种。本图鉴介绍华须芒草 *A. chinensis* (Nees) Merr. 1 种。华须芒草为中等牧草，抽穗前较幼嫩，牛、羊喜食；抽穗后茎秆迅速老化，有大量的花序，适口性降低。

5.1 华须芒草 *Andropogon chinensis* (Nees) Merr.

特征 无柄小穗长约 5mm（连基盘），线状披针形，第一颖背部具 2 脊，脊中上部粗糙，脊由顶端伸出成短芒或小尖头，中部具 1 深槽；第二颖舟形，背上部被毛，顶端 2

齿裂，裂齿间具1芒，芒长6～10mm；第一外稃线状长圆形，长约4mm，透明膜质，上部边缘疏生纤毛；第二外稃与第一外稃同质，长约3mm，顶端2裂，边缘具纤毛；芒自裂片间伸出，长2～3cm，于中部膝曲，芒柱扭曲，色深；内稃长为第一颖之半，边缘具纤毛。

产地 海南中部各地；生于海拔1 800m以下的山坡草地、灌丛、疏林等较干燥的环境。

分布 广东、广西、云南、四川等省（自治区）。

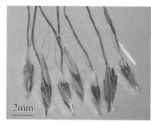 

香茅属 *Cymbopogon* Spreng.

本属有70余种，产于东半球热带与亚热带地区。我国约有20余种；海南有4种。本图鉴介绍柠檬草 *C. citratus* (D. C.) Stapf、芸香草 *C. distans* (Nees) Wats.、橘草 *C. goeringii* (Steud.) A. Camus、扭鞘香茅 *C. tortilis* (J. Presl) A. Camus、亚香茅 *C. nardus* (L.) Rendle 和青香茅 *C. mekongensis* A. Camus 6种。柠檬草茎叶可提取柠檬香精油，供制香水、肥皂；嫩茎叶可食用，为调制咖喱、香料的原料；药用有通络之效。橘草叶片可提取芳香油。芸香草茎叶可提取芳香油，供医疗及工业用。橘草能散发出芳香气味，可盆栽或定植于庭园中观赏。扭鞘香茅全草可入药，具有疏散风热，行气和胃之功效；秆叶可做牲畜饲料或放牧；为酸性瘠土的指示植物。亚香茅植株中含香油味似金橘，用作肥皂、驱虫药和除蚊药水的香料，又为制薄荷脑的原料。青香茅植株中含芳香油，精油主成分为香叶醇和柠檬醛，常作香水原料；也可作牛羊牧草。

5.2 柠檬草 *Cymbopogon citratus*（D. C.）Stapf

别名 香茅、茅香草、大风茅、香麻、柠檬香茅、柠檬茅。

特征 无柄小穗线状披针形，长5 ~ 6mm，宽约0.7mm；第一颖背部扁平或下凹成槽，无脉，上部具窄翼，边缘有短纤毛；第二外稃狭小，长约3mm，先端具2微齿，无芒或具长约0.2mm之芒尖。

产地 广泛种植于热带地区。

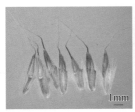

5.3 芸香草 *Cymbopogon distans*（Nees）Wats.

别名 诸葛草、麝香草、香叶辣薄荷草、小香茅草、野芸香草。

特征 无柄小穗狭披针形，长6 ~ 7mm，宽0.8 ~ 1mm，基盘具长0.5mm短毛；第一颖背部扁平，上部无翼至具极窄的翼（宽0.1 ~ 0.5mm），边缘微粗糙，脊间具2 ~ 4枚自基部直达顶端的脉，下部稍浅凹或有1 ~ 2横皱褶，顶端长渐尖，具2齿裂；第二外稃长2 ~ 3mm，顶端裂齿间伸出长15 ~ 18mm的芒，芒柱长7 ~ 10mm，芒针微粗糙。

产地 陕西、甘肃南部、四川、云南、西藏（墨脱）等地区；生于海拔2 000 ~ 3 500m的山地、丘陵、河谷、干旱开旷草坡。

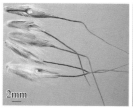 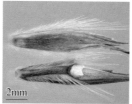 

5.4 橘草 *Cymbopogon goeringii*（Steud.）A.Camus

特征 无柄小穗长圆状披针形，长约5.5mm，中部宽约1.5mm，基盘具长约0.5mm的短毛或近无毛；第一颖背部扁平，下部稍窄，略凹陷，上部具宽翼，翼缘密生锯齿状微粗糙，脊间常具2～4脉或有时不明显；第二外稃长约3mm，芒从先端2裂齿间伸出，长约12mm，中部膝曲。

产地 河北、河南、山东、江苏、安徽、浙江、江西、福建、台湾、湖北、湖南；生于海拔1 500m以下的丘陵山坡草地、荒野和平原路旁。

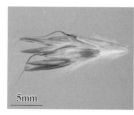 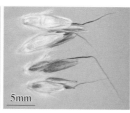 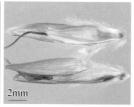

5.5 扭鞘香茅 *Cymbopogon tortilis*（J.Presl）A.Camus

别名 野香茅（《海南植物志》）、括花草（广东）、野香草、芸香草。

特征 伪圆锥花序较狭窄；佛焰苞长1.2～1.5cm，红褐色。无柄小穗长3.5～4mm；第一颖中部宽约1mm，背部扁平，具2～4脉，脊缘具翼，顶端钝，具微齿裂；第二外稃长约1.5mm，2裂片间伸出长7～8mm的芒；芒柱短，芒针钩状反曲，长4～5mm。

产地　海南东方；生于海拔600m以下的草地。

分布　广东、海南、台湾。

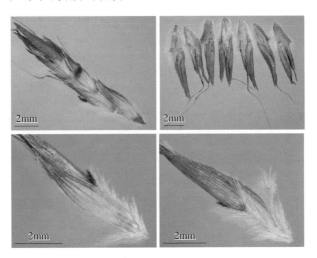

5.6　亚香茅　*Cymbopogon nardus*（L.）Rendle

别名　金橘草 （广东、海南）。

特征　无柄小穗长4～4.5mm，第一颖宽约1mm，卵状披针形，背部扁平，红褐色或上部带紫色，具窄翼，无脉或脉不明显；第二外稃顶端全缘或2裂，裂口处有小尖头或短芒。颖果纺锤形，黄色。

产地　广东、海南、台湾。

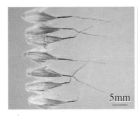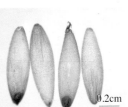

5.7 青香茅 *Cymbopogon mekongensis* A. Camus

别名 橘香草、清香茅、香花草、香茅草。

特征 总状花序轴节间长约1.5mm，边缘具白色柔毛。无柄小穗长约3.5mm；第一颖卵状披针形，宽1～1.2mm，脊上部具稍宽的翼，顶端钝，脊间无脉或有不明显的2脉，中部以下具1纵深沟；第二外稃长约1mm，中下部膝曲，芒针长约9mm。颖果长椭圆形。

产地 海口、万宁；生于开旷干旱的草地，海拔1 000m左右。

分布 广东沿海岛屿、广西、云南及我国沿海地区。

裂稃草属 *Schizachyrium* Nees

本属约有50种，产于两半球热带和亚热带地区。我国现知3种；海南有2种。本图鉴介绍裂稃草 *S. brevifolium* (Sw.) Nees ex Buse 和红裂稃草 *S. sanguineum* (Retz.) Alston 2种。裂稃草、红裂稃草可作饲料，草质柔软，适口性好，各种草食家畜喜食；宜放牧利用，利用期较长。

5.8 裂稃草 *Schizachyrium brevifolium* (Sw.) Nees ex Buse

别名 短叶裂稃草_{（《海南植物志》）}、短叶蜀黍、金字草、晚碎红、白露红。

特征 无柄小穗线状披针形，长约3mm，基盘具短髯毛；第一颖近革质，背部扁平，顶端2齿裂，边缘稍内折，具4～5脉；第二颖舟形，厚膜质，有3脉，主脉呈脊状，沿脊稍粗糙，外稃透明膜质；第一外稃线状披针形，顶端急尖；第二外稃短于第一颖1/3，2深裂几达基部，裂片线形；芒自裂齿间伸出，长约1cm，中部以下膝曲，芒柱扭转。

产地 海南东南部；生于海拔20～2 000m的阴湿山坡、草地。

分布 我国东北南部、华东、华中、华南、西南及陕西、西藏等地。

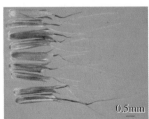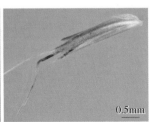

0.5mm　　0.5mm

5.9 红裂稃草 *Schizachyrium sanguineum* (Retz.) Alston

别名 红稃草。

特征 无柄小穗窄线形，长6～8mm；第一颖背部具细点状粗糙，顶端微2齿裂；第二颖舟形，脊上具极窄的翼；第一外稃线状披针形，稍短于颖，边缘具纤毛；第二外稃长约为颖的2/3，2深裂几达基部，芒自裂片间伸出，长约15mm，中部膝曲，芒柱扭转。

产地 海南各地；生于海拔50～3 600m的山坡草地。

分布 江西、福建、湖南、广东、广西、云南、四川、西藏
等省（自治区）。

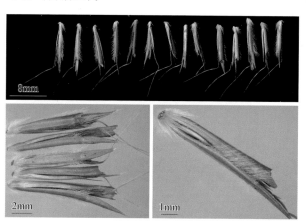

黄茅属 *Heteropogon* Pers.

本属约有10种，产于全世界热带和亚热带地区。我国现知3种；
海南有1种。本图鉴介绍黄茅*H. contortus*（L.）P. Beauv. ex Roem. et
Schult.。黄茅嫩时牲畜喜食，但至成熟期小穗的芒及基盘危害牲
畜；秆供造纸、编织；根、秆、花可为清凉剂。

5.10 黄茅 *Heteropogon contortus*（L.）P. Beauv. ex Roem. et Schult.

别名 地筋《海南植物志》、风气草、毛锥子、扭黄茅、黄菅茅、
老虎须、扭黄草。

特征 无柄小穗线形（成熟时圆柱形），长6～8mm，基盘
尖锐，具棕褐色髯毛；第一颖狭长圆形，革质顶端
钝，背部圆形，被短硬毛或无毛，边缘包卷同质的第
二颖；第二颖较窄，顶端钝，具2脉，脉间被短硬毛

或无毛，边缘膜质；第一小花外稃长圆形，远短于颖；第二小花外稃极窄，向上延伸成2回膝曲的芒，芒长6～10cm，芒柱扭转被毛。

产地　海南各地；生于海拔400～2 300m的山坡草地。

分布　我国长江以南省区。

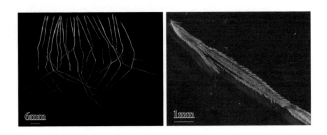

菅属　*Themeda* Forssk.

本属有30余种，产于亚洲和非洲的温暖地区，大洋洲亦有分布。我国13种；海南有3种。本图鉴介绍苞子草*T. caudata*（Nees）A. Camus、菅*T. villosa*（Poir.）A. Camus和阿拉伯黄背草*T. triandra* Forsk. 3种。苞子草的根茎可入药，清热止咳；秆、叶可作造纸原料。菅为芦苇状大型禾草，植株幼嫩部分含糖量高，家畜喜食；长成后质地粗糙，不能作饲料，但是很好的造纸及建盖茅屋的原材料。阿拉伯黄背草秆叶可供造纸或盖屋。

5.11 苞子草　*Themeda caudata*（Nees）A. Camus

别名　苞子菅、包子草、吹笛芒。

特征　无柄小穗圆柱形，长9～11mm；颖背部常密被金黄色柔毛或成熟时逐渐脱落，第一颖革质，几全包被同质的第二颖；第一外稃披针形，边缘具睫毛状或流苏状；第二外稃退化为芒基，芒长2～8cm，1～2回膝曲，芒柱粗壮而旋扭。

产地 海南昌江、白沙；生于海拔320～2 200m的山坡草丛、林缘等处。

分布 浙江、福建、台湾、江西、广东、广西、四川、贵州、云南等地。

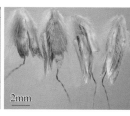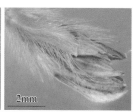

5.12 菅 *Themeda villosa*（Poir.）A. Camus

别名 峨眉假铁秆草、长毛菅、菅草、大菅草、野菅。

特征 无柄小穗长7～8mm，基盘密具硬粗毛和褐色短毛；颖硬革质，第一颖长圆状披针形，长7～8mm，顶端截形，边缘内卷，脊圆，背部及边缘密被褐色短毛，具7～8脉；第二颖狭披针形，长约7mm，具3脉，顶端钝，背面密被褐色短毛；外稃狭披针形，主脉延伸成1小尖头或至仅具芒柱的短芒，不伸出或略伸出颖外。

产地 海南各地；生于海300～2 500m的山坡灌丛、草地或林缘向阳处。

分布 浙江、江西、福建、湖北、湖南、广东、广西、四川、贵州、云南、西藏等省（自治区）。

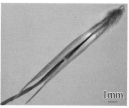

5.13 阿拉伯黄背草 *Themeda triandra* Forsk.

别名 黄背草_{（《海南植物志》）}、黄麦秆、黄背茅、三花菅草。

特征 佛焰苞长2～3cm；无柄小穗两性，1枚，纺锤状圆柱形，长8～10mm，基盘被褐色髯毛，锐利；第一颖革质，背部圆形，顶端钝，被短刚毛，第二颖与第一颖同质，等长，两边为第一颖所包卷。第一外稃短于颖；第二外稃退化为芒的基部，芒长3～6cm，1～2回膝曲；颖果长圆形。

产地 海南各地；生于海拔80～2 700m的干燥山坡、草地、路旁、林缘等处。

分布 适应性很广，几乎遍布全国。

荩草属 *Arthraxon* Beauv.

本属约有20种，产于东半球的热带与亚热带地区。我国有10种6变种；海南有1种和1变种。本图鉴介绍荩草*A. hispidus* (Trin.) Makino和矛叶荩草*A. lanceolatus* (Roxb.) Hochst. 2种。荩草全草可入药，具有止咳定喘、解毒杀虫之功效。矛叶荩草含蛋白质较多，纤维质较少，饲草品质好；嫩枝多，叶量大，马、牛喜食。

5.14 荩草 *Arthraxon hispidus* (Trin.) Makino

别名 绿竹_{（《唐本草》）}、匿芒荩草_{（《海南植物志》）}、光亮荩草、中亚荩草、马耳朵草。

特征 无柄小穗卵状披针形，呈两侧压扁，长3～5mm，灰绿色或带紫；第一颖草质，边缘膜质，包住第二颖2/3，具7～9脉，脉上粗糙至生疣基硬毛，尤以顶端及边缘为多，先端锐尖；第二外稃与第一外稃等长，透明膜质，近基部伸出一膝曲的芒；芒长6～9mm，基部扭转。颖果长圆形。

产地 海南三亚；生于山坡草地阴湿处。

分布 全国各地，变异性甚大。

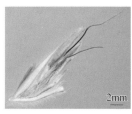 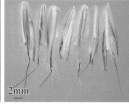 

5.15 矛叶荩草 *Arthraxon lanceolatus*（Roxb.）Hochst.

别名 茅叶荩草、钩齿荩草、柔叶荩草、锯叶荩草、柔叶茎草。

特征 无柄小穗长圆状披针形，长6～7mm，质较硬，背腹压扁；第一颖长约6mm，硬草质，先端尖，两侧呈龙骨状，具2行箆齿状疣基钩毛，具不明显7～9脉，脉上及脉间具小硬刺毛，尤以顶端为多；第二颖与第一颖等长，舟形，质地薄；第一外稃长圆形，长2～2.5mm，透明膜质；第二外稃长3～4mm，透明膜质，背面近基部处生1膝曲的芒；芒长12～14mm，

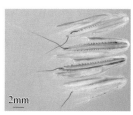 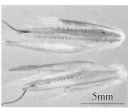 

基部扭转。

产地 华北、华东、华中、西南、陕西等地；多生于山坡、旷野及沟边阴湿处。

雁茅属 *Dimeria* R. Br.

本属约有40种，产于亚洲热带和澳大利亚，自南亚次大陆经亚洲东南和马来西亚诸岛到澳大利亚都有产。我国7种3亚种2变种。本图鉴介绍雁茅*D. ornithopoda* Trin.1种。雁茅秆叶幼嫩时可作饲料。

5.16 雁茅 *Dimeria ornithopoda* Trin.

别名 雁股茅。

特征 小穗紫色、浅红棕色或红棕色，两侧极压扁，线状长圆形或狭椭圆状长圆形，长1.7 ~ 3mm，草质，基盘围绕有倒髯毛或毛极短到无毛，先端有数枚放射状毛；第一颖边缘质薄，具向上短毛；第二颖侧面具向上短毛，边缘透明膜质，具短毛；第二外稃狭椭圆状，长约1.6mm，比第二颖略短，透明膜质，先端尖，2裂，裂齿间伸出1细弱的芒，芒长约5mm。

产地 广东、香港、广西、云南等地；生于海拔2 000m以下的路边、林间草地、岩石缝较阴湿处。

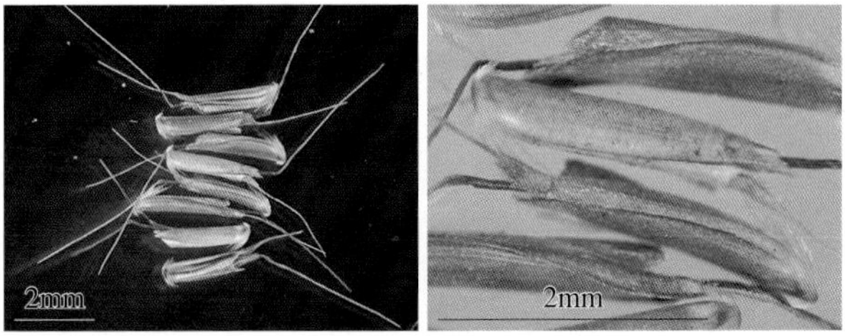

水蔗草属 *Apluda* Linn.

本属仅1种，但为一多型种，广布于旧大陆热带及亚热带。我国西南、华南和台湾均产。本图鉴介绍水蔗草 *A. mutica* Linn. 1种。本种幼嫩时可作饲料，全草可入药治蛇伤。

5.17 水蔗草 *Apluda mutica* Linn.

别名 假雀麦、竹子草 (指示植物)、牙尖草 (广西土名)、丝线草、糯米草、米草。

特征 正常有柄小穗，第一颖长卵形，绿色，纸质至薄草质，长4~6mm，先端尖或具2微齿，脉纹多而密；第二颖等长或略短于第一颖，稍宽，3~5脉；成熟时整个小穗自穗柄关节处脱落。颖果成熟时蜡黄色，卵形，长约1.5mm，宽约0.8mm。

产地 海南各地；多生于海拔2 000m以下的田边、水旁湿地及山坡草丛中。

分布 我国西南、华南及台湾等地。

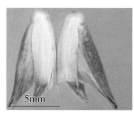

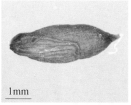

鸭嘴草属 *Ischaemum* Linn.

本属约有60种，产于全世界热界带至温带南部，主产亚洲南部至大洋洲。我国有10种1变种；海南有3种2变种。本图鉴介绍毛鸭嘴草 *I. antephoroides* (Steud.) Miq.、有芒鸭嘴草 *I. aristatum* L.、

鸭嘴草 *I. aristatum* var. *glaucum*（Honda）T. Koyama、粗毛鸭嘴草 *I. barbatum* Retzius、细毛鸭嘴草 *I. ciliare* Retzius 和田间鸭嘴草 *I. rugosum* Salisb. 5种1变种。毛鸭嘴草根系发达而坚韧，深扎于海滩泥沙之中，耐盐渍，为海滩先锋植物之一。有芒鸭嘴草秆叶可作造纸原料；须根发达而坚韧，可用以制扫帚。鸭嘴草秆叶可为牛羊的饲料。粗毛鸭嘴草幼嫩时可作饲料；须根发达坚韧，可作扫帚。细毛鸭嘴草幼嫩时可作饲料，秆叶可做牛羊的饲料。田间鸭嘴草牛、马、羊喜食，属放牧刈割两用型优良牧草。

5.18 毛鸭嘴草 *Ischaemum antephoroides*（Steud.）Miq.

特征 无柄小穗长约1cm，第一颖倒长卵形，长约10mm，宽约3mm，下部2/3革质，5脉，背面密被长柔毛，上部1/3坚纸质，扁平而具膜质边缘，先端钝，具微齿；第二颖略短于第一颖，质较薄，先端尖，具微齿，上部有龙骨状脊，下部圆拱，3～9脉，全体被微柔毛；外稃先端2齿裂，齿间具芒；芒柱长约5mm，不伸出小穗之外，芒针长约6mm；内稃卵形，先端具长喙。

产地 我国自山东、江苏向南至广东等省沿海地区均产；多生于海滩沙地和近海、河岸。

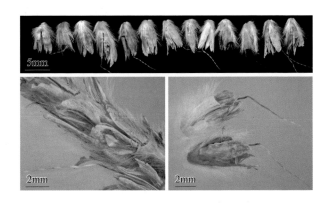

5.19 有芒鸭嘴草 *Ischaemum aristatum* L.

别名 芒穗鸭嘴草(《海南植物志》)、本田鸭嘴草、光穗鸭嘴草、毛穗鸭嘴草、皱颖鸭嘴草。

特征 总状花序互相紧贴成圆柱形,长4~6cm;总状花序轴节间和小穗均呈三棱形,外侧棱上有白色纤毛,内侧无毛或略被毛。无柄小穗披针形,长7~8mm;第一颖先端钝或具2微齿,上部5~7脉,边缘内折,两侧具脊和翅,翅缘粗糙,下部无毛;第二颖等长于第一颖,舟形,先端渐尖,背部具脊,边缘有纤毛,下部无毛;外稃纸质,先端尖,背面微粗糙,具不明显的3脉;外稃长约5mm,自先端深2裂至中部;齿间伸出长约10mm的芒;芒于中部以下膝曲,芒柱通常不伸出小穗之外。

产地 海南各地;多生于山坡路旁。

分布 我国华东、华中、华南及西南各省区。

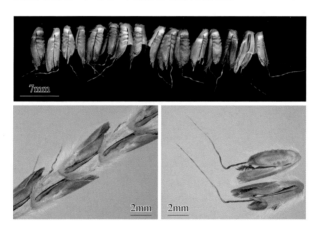

7mm

2mm 2mm

5.20 鸭嘴草 *Ischaemum aristatum* var. *glaucum* (Honda) T.Koyama (变种)

别名 鸭嘴茅。

特征 无柄小穗第一颖上部两侧无翅或仅有极窄的翅，先端渐狭而具2微齿；外稃先端2浅裂，齿间伸出短而直的芒或较裂齿短的小尖头；芒隐藏于小穗内或稍露出。

产地 江苏、浙江；多生于水边湿地。

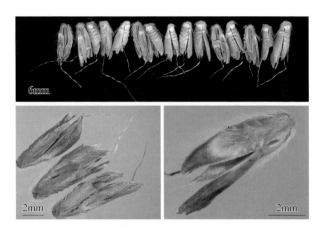

5.21 粗毛鸭嘴草 *Ischaemum barbatum* Retzius

别名 毛穗鸭嘴草《海南植物志》、芒穗鸭嘴草《中国主要植物图说：禾本科》、瘤鸭嘴草《台湾植物志》、圆柱鸭嘴草。

特征 总状花序孪生于秆顶，长5～10cm，直立，相互紧贴成圆柱状；总状花序轴节间三棱柱形，长约4mm，其外棱和小穗柄外侧均有纤毛。无柄小穗长6～7mm，基盘有髯毛；第一颖无毛，下部背面有2～4条横皱纹，至少上面1～2条皱纹的中部不连续，上部具3～5脉，边缘内折成脊，脊部粗糙或具窄翅，顶端钝，有微齿；第二颖等长于第一颖，硬纸质，顶端尖，背面具脊，边缘常有短纤毛；外稃透明膜质，先端2深裂至稃体中部，裂齿间伸出膝曲芒。

产地 海南各地；多生于山坡草地。

分布 我国华北、华东、华中、华南及西南各地。

5.22 细毛鸭嘴草 *Ischaemum ciliare* Retzius

别名 纤毛鸭嘴草 (《海南植物志》)、人字草。

特征 无柄小穗倒卵状矩圆形，第一颖革质，长4～5mm，先端具2齿，两侧上部有阔翅，边缘有短纤毛，背面上部具5～7脉，下部光滑无毛；第二颖较薄，舟形，等长于第一颖，下部光滑，上部具脊和窄翅，先端渐尖，边缘有纤毛；外稃较短，先端2深裂至中部，裂齿间着生芒；芒在中部膝曲。

产地 海南各地；多生于山坡草丛和路旁及旷野草地。

分布 浙江、福建、台湾、广东、广西、云南等地。

5.23 田间鸭嘴草 *Ischaemum rugosum* Salisb.

别名 皱颖鸭嘴草、田间毛鸭嘴。

特征 无柄小穗卵形，第一颖长4.5～5.5mm，顶端钝，上部1/3具脉纹，下部草质，背面光滑无毛，具4～5条横向连贯的深皱纹；基盘具纤毛；两稃纸质，顶端渐尖，被微毛或粗糙；外稃膜质，长约3mm，顶端2深裂至中部，齿间伸出长芒，芒柱长约6mm，芒针长近10mm，膝曲以上仍有扭转。

产地 海南各地；多生于田边路旁湿润处。

分布 湖南、台湾、广东、广西、云南等地。

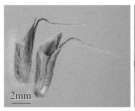
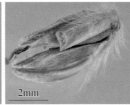

沟颖草属 *Sehima* Forssk.

本属有6种，产于旧大陆热带地区；我国有1种。本图鉴介绍沟颖草 *S. nervosum*（Rottler）Stapf 1种。

5.24 沟颖草 *Sehima nervosum*（Rottler）Stapf

特征 无柄小穗长圆状披针形，长8～9mm，先端渐尖，基部具长约1mm的基盘和短髯毛；第一颖纸质，长约7mm，背部中央具1纵沟槽，两侧各有2侧脉和边缘内卷形成的脊，先端2裂，两边具柔毛；第二颖硬膜质，稍短于第一颖，舟形，顶端具脊呈窄翅状，延伸成长10～13mm的细直芒，两侧上缘具长纤毛；外稃狭窄，膜质，具纤毛，先端2裂，裂齿间伸出长达35mm的芒；芒柱棕色，中部以上膝曲。

产地　广东、云南两省南部；多生于海拔1 600m以下路边草丛。

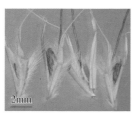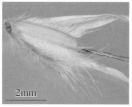

蜈蚣草属　*Eremochloa* Buse

本属约有10种，产于东南亚至大洋洲。我国有4种；海南有2种。本图鉴介绍蜈蚣草 *E. ciliaris*（L.）Merr.、假俭草 *E. ophiuroides*（Munro）Hack.和马陆草 *E. zeylanica* Hack. 3种。蜈蚣草青鲜干草，马、牛、羊都喜食；可用于放牧，亦可作刈割利用。假俭草匍匐茎强壮，蔓延力强而迅速，可作饲料或铺建草皮及保土护堤之用。

5.25 蜈蚣草　*Eremochloa ciliaris*（L.）Merr.

别名　百足草（《中国高等植物图鉴》）、镰刀草、娱蛤草。

特征　无柄小穗卵形，覆瓦状排列于总状花序轴一侧；第一颖厚纸质，长约3mm，宽约1.5mm，顶端突尖，无翅，多数两侧具长2.5～3mm近平展的刺；刺微粗糙；背面密生柔毛或微柔毛；第二颖厚膜质，3脉，脊之下部有窄翅。

产地　海南各地；生于山坡、路旁草丛。

分布　云南、贵州、广西、广东、海南及福建等省（自治区）。

5.26 假俭草 *Eremochloa ophiuroides*（Munro）Hack.

别名 爬根草 (江苏土名)、假剑草、小牛鞭草。

特征 无柄小穗长圆形，覆瓦状排列于总状花序轴一侧，长约3.5mm，宽约1.5mm；第一颖硬纸质，无毛，5～7脉，两侧下部有篦状短刺或几无刺，顶端具宽翅；第二颖舟形，厚膜质，3脉；第一外稃膜质，近等长；第二小花两性，外稃顶端钝。

产地 海南各地；生于潮湿草地及河岸、路旁。

分布 江苏、浙江、安徽、湖北、湖南、福建、台湾、广东、广西、贵州等地。

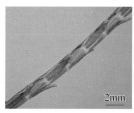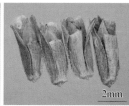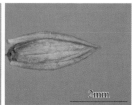

68

5.27 马陆草 *Eremochloa zeylanica* Hack.

别名 马鹿草。

特征 总状花序镰形弯曲，长2～5cm，宽约3mm；总状花序轴节间长约2mm，基部有1圈柔毛。无柄小穗长卵形，长约4mm，宽约1.5mm；第一颖背面微凸，3～5脉，顶端尖而具狭翅，边缘有1～2.5mm不等长而斜展的刺；第二颖舟形，具2脊。

产地 广西、云南；生于丘陵、路旁草丛。

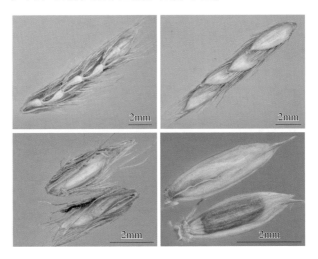

球穗草属（拟）*Hackelochloa* Kuntze

本属有2种，分布于全世界热带地区。我国均产之。本图鉴介绍球穗草*H. granularis*（Linnaeus）Kuntze 1种。本种为极普通的饲料植物。

5.28 球穗草 *Hackelochloa granularis*（Linnaeus）Kuntze

别名 亥氏草《《中国主要植物图说：禾本科》）、珠穗草《《海南植物志》）、球颖草。

特征 无柄小穗半球形，直径约1mm，成熟后黄绿色；第一颖背面具方格状窝穴；第二颖厚膜质，3脉，嵌入第一颖腹面的凹槽并包裹序轴节间。

产地 海南各地；多生于路边草丛和山坡上。

分布 云南、四川、贵州、广西、广东、福建、台湾等地。

牛鞭草属 *Hemarthria* R. Br.

本属有12种，产于旧大陆热带至温带。我国有4种；海南有1种。本图鉴介绍扁穗牛鞭草 *H. compressa* (L. f.) R. Br. 1种。扁穗牛鞭草叶量丰富，适口性好，是牛、羊、兔的优质饲料。

5.29 扁穗牛鞭草 *Hemarthria compressa* (L. f.) R. Br.

别名 牛鞭草 (《广州植物志》)、马铃骨、牛仔蔗、牛草、鞭草 (广东)。

特征 无柄小穗陷入总状花序轴凹穴中，长卵形，长4～5mm；第一颖近革质，等长于小穗，背面扁平，具5～9脉，两侧具脊，先端急尖或稍钝；第二颖纸

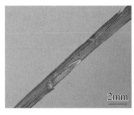  

质，略短于第一颖，完全与总状花序轴的凹穴愈合。

产地 海南各地；生于海拔2 000m以下的田边、路旁湿润处。

分布 我国南部省区。

毛俭草属 *Mnesithea* Kunth

本属约8种，分布于印度、马来西亚和中南半岛热带地区；我国有4种。本图鉴介绍毛俭草*M. mollicoma*（Hance）A. Camus 和假蛇尾草*M. laevis*（Retzius）Kunth 2种。假蛇尾草可入药，有清热解毒、消炎退肿的功用。

5.30 毛俭草 *Mnesithea mollicoma*（Hance）A. Camus

别名 老鼠草 (广东土名)。

特征 总状花序圆柱形，序轴节间长约3mm，顶端凹陷，基部周围生短柔毛，外侧有数条纵纹延伸至节间2/3处。无柄小穗第一颖背面布满长方格形凹穴和细毛，脊的外侧有极窄的翅；第二颖厚膜质，5脉，先端亦具极窄的翅。有柄小穗退化至仅具长约0.5mm的颖，小穗柄宽约0.5mm，着生于2无柄小穗之间。

产地 海南各地；多生于草地和灌丛中。

分布 广东、广西及海南等省（自治区）。

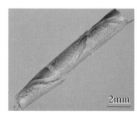

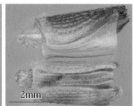

5.31 假蛇尾草 *Mnesithea laevis*（Retzius）Kunth

特征 总状花序纤细，圆柱形，直径约1.5mm，长可达10cm，

光滑无毛；序轴节间长约4mm，无毛；无柄小穗卵状
长圆形，长3～4mm；第一颖稍偏斜，质硬，顶端钝，
具不明显的6脉，边缘内折；第二颖舟形，薄膜质，
3脉。

产地 海南各地；生于路旁草丛中。

分布 福建、台湾、广东、广西及海南。

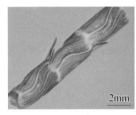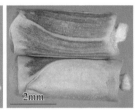

筒轴茅属 *Rottboellia* Linn. f.

本属约有4种，广布旧大陆热带、亚热带，引入美洲热带。
我国有2种；海南有1种。本图鉴介绍筒轴茅*R. cochinchinensis*
（Loureiro）Clayton 1种。筒轴茅全草可入药，利尿通淋。

5.32 筒轴茅 *Rottboellia cochinchinensis*（Loureiro）Clayton

别名 罗氏草、蛇尾草、筒轴草。

特征 无柄小穗嵌生于凹穴中，第一颖质厚，卵形，背面糙
涩，先端钝或具2～3微齿，多脉，边缘具极窄的翅；
第二颖质较薄，舟形。有柄小穗之小穗柄与总状花序
轴节间愈合，小穗着生在总状花序轴节间1/2～2/3部
位，绿色，卵状长圆形。

产地 海南各地；多生于田野、路旁草丛。

分布 福建、台湾、广东、广西、四川、贵州、云南等地。

大油芒属 *Spodiopogon* Trin.

本属约有4种，分布于印度北部、中国和日本。我国有3种。本图鉴介绍油芒 *S. cotulifer*（Thunberg）Hackel 1种。油芒种子含挥发油，可榨油；全草可作优良牧草。

5.33 油芒 *Spodiopogon cotulifer*（Thunberg）Hackel

别名 秭茅、大油芒。

特征 小穗线状披针形，长5～6mm，基部具长不过1mm的柔毛；第一颖草质，背部粗糙，通常具9脉，脉间疏生及边缘密生柔毛，顶端渐尖具2微齿或有小尖头；第二颖具7脉，脉上部微粗糙，中部脉间疏生柔毛，顶端具小尖头乃至短芒；第一外稃透明膜质，长圆形，顶端具齿裂或中间1齿突出，边缘具细纤毛；第一内稃较窄，长约3mm，无毛；第二外稃窄披针形，长约4mm，中部以上2裂，裂齿间伸出1芒，芒长12～15mm，芒柱长约4mm，芒针稍扭转。颖果长圆形，黄褐色。

产地 河南、陕西、甘肃、江苏、浙江、安徽、江西、湖北、湖南、台湾、贵州、四川、云南等地；生于山坡、山谷和荒地路旁，海拔200～1 000m。

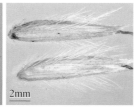

5mm　　2mm　　2mm

黄金茅属 *Eulalia* Kunth

本属约有30种，产于旧大陆热带和亚热带地区。我国现有11种1变种；海南有4种。本图鉴介绍金茅*E. speciosa*（Debeaux）Kuntze和白健秆*E. pallens*（Hack.）Kuntze 2种。金茅茎叶柔韧，供造纸和作燃料用；牛喜吃其嫩叶。白健秆牛、马、羊乐食，枯黄期粗蛋白质的含量占干物质的3.90%，宜早期放牧利用，属中等牧草。

5.34 金茅 *Eulalia speciosa*（Debeaux）Kuntze

别名 假青茅（广东）、山箭子草、黄金茅、小颖羊茅。

特征 无柄小穗长圆形，长约5mm，基盘可具长为小穗1/6～1/3的柔毛；第一颖背部微凹，在其下半部常具淡黄色柔毛，具2脊，先端稍钝；第二颖舟形，背具1脉呈脊，在脊两旁常具柔毛，上部边缘具纤毛；外稃较狭，长约3mm，先端二浅裂，裂齿间伸出长约15mm的芒，芒两回膝曲。

产地 海南儋州；常生于山坡草地。

分布 陕西南部、华东、华中、华南以及西南各地。

5.35 白健秆 *Eulalia pallens*（Hack.）Kuntze

别名 白健秆、央草。

特征 无柄小穗长圆状披针形，长3.5～4.5mm，基盘具毛，其毛长为小穗的1/8 ~ 1/4；第一颖先端稍钝，具2微齿，背部微凹，具2脊，脊上部粗糙，脊间无脉，背面下部2/3被长柔毛；第二颖舟形，先端膜质稍钝，无毛或脊之两旁疏生柔毛，中脉延伸成长达2.5mm之短芒；外稃的主脉延伸出一回膝曲的芒，芒长约10mm。

产地 云南及贵州等地。

 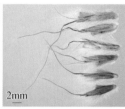 

5mm　2mm　1mm

莠竹属 *Microstegium* Nees

本属有40种，产于东半球热带与暖温带。我国有16种；海南有2种。本图鉴介绍刚莠竹 *M. ciliatum* (Trin.) A. Camus、蔓生莠竹 *M. fasciculatum* (Linnaeus) Henrard 和莠竹 *M. vimineum* (Trin.) A. Camus 3种。刚莠竹叶片宽大繁茂，质地柔嫩，分枝多，产量大，为家畜的优质饲料。蔓生莠竹全草可入药，辛凉解表、清肺止咳；饲料植物。莠竹用作饲料。

5.36 刚莠竹 *Microstegium ciliatum*（Trin.）A. Camus

别名 大种假莠竹、二芒莠竹、二型莠竹、刚毛莠竹。
特征 无柄小穗披针形，长约3.2mm，基盘毛长1.5mm；第一颖背部具凹沟，无毛或上部具微毛，二脊无翼，边缘具纤毛，顶端钝或有2微齿；第二颖舟形，具3脉，中脉呈脊状，上部具纤毛，顶端延伸成小尖头或具长约3mm的短芒；第二外稃狭长圆形，长约0.6mm；芒长8 ~ 10（~ 14）mm，直伸或稍弯。

产地 海南各地；生于阴坡林缘、沟边湿地，海拔达1 300m。

分布 江西、湖南、福建、台湾、广东、海南、广西、四川、云南等地。

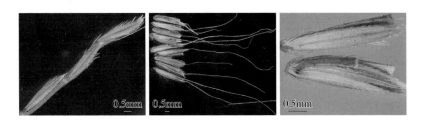

0.5mm　0.5mm　0.5mm

5.37 蔓生莠竹 *Microstegium fasciculatum*（Linnaeus）Henrard

别名 单花莠竹。

特征 无柄小穗长圆形，长3.5～4mm；基盘具长约1mm的柔毛；第一颖纸质，先端钝，微凹缺，脊中上部具硬纤毛，背部常刺状粗糙；第一颖膜质，稍尖或有小尖头；外稃微小，卵形，长约0.5mm，2裂，芒从裂齿间伸出，长8～10mm，中部膝曲，芒柱棕色，扭转。

产地 海南各地；生于海拔800m以下的林缘和林下阴湿地。

分布 广东、海南、云南。

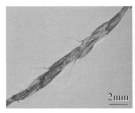

2mm　2mm　0.5mm

5.38 莠竹 *Microstegium vimineum*（Trin.）A. Camus

别名 大穗莠竹、柔枝莠竹。

特征 无柄小穗长5～6mm，基盘微有短毛；第一颖披针形，草质，顶端稍尖，全缘或具二微齿，脊上部粗糙，稀具纤毛；第二颖中脉成脊，具纤毛，无芒；第二外稃长约1mm，中脉延伸成扭曲的芒，芒伸出小穗之外，长7～9mm。

产地 吉林、山西、陕西、江苏、广东、四川、云南等省；生于林地、河岸、沟边、田野路旁的阴湿地草丛中，海拔400～1 200m。

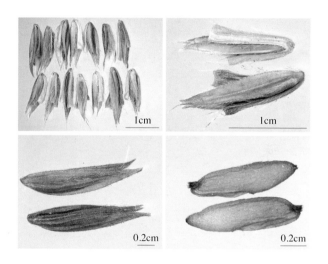

芒属 *Miscanthus* Anderss.

本属约有10种，主要产于东南亚，在非洲也有少数种类。我国有8种；海南有2种。本图鉴介绍南荻 *M. lutarioriparius* L. Liu ex Renvoize & S. L. Chen、五节芒 *M. floridulus* (Lab.) Warb. ex Schum et Laut.和芒 *M. sinensis* Anderss. 3 种。南荻纤维质优、高产，能制作高级文化用纸及静电复印纸，是有发展前途和值得推广的优良种质资源。五节芒幼叶作饲料，秆可作造纸原料；根状茎有利尿之效。

芒的秆纤维用途较广，可作饲料、纤维与建造材料原料等；为水土保持植物；秆穗可制扫帚；幼茎可入药。

5.39 南荻 *Miscanthus lutarioriparius* L. Liu ex Renvoize & S. L. Chen

别名 胖节荻 (湖南土名)。

特征 小穗长5 ~ 5.5mm，宽0.9mm；两颖不等长，第一颖顶端渐尖，较第二颖长1/4，背部平滑无毛，边缘与上部有长柔毛，基盘柔毛长为小穗的2倍左右；第一与第二外稃短于颖片，边缘有纤毛，顶端无芒。

产地 我国长江中下游以南各省；生于江洲湖滩，海拔30 ~ 40m。

 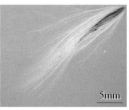 

5.40 五节芒 *Miscanthus floridulus*（Lab.）Warb. ex Schum et Laut.

别名 大巴茅、芒草、萱仔。

特征 小穗卵状披针形，长3 ~ 3.5mm，黄色，基盘具较长于小穗的丝状柔毛；第一颖无毛，顶端渐尖或有2微齿，侧脉内折成2脊；第二颖等长于第一颖，顶端渐尖，边缘具短纤毛；第一外稃长圆状披针形，稍短于颖，顶端钝圆，边缘具纤毛；第二外稃卵状披针形，长约2.5mm，顶端尖或具2微齿，无毛或下部边缘具少数短纤毛；芒长7 ~ 10mm，微粗糙，伸直或下部稍扭曲。

产地 海南各地；生于低海拔撂荒地与丘陵潮湿谷地和山坡或草地。

分布 江苏、浙江、福建、台湾、广东、海南、广西等地。

5.41 芒 *Miscanthus sinensis* Anderss.

别名 花叶芒、高山鬼芒 (台湾)、金平芒 (台湾)、高山/黄金芒 (台湾)、紫芒 (《植物学大辞典》)。

特征 小穗披针形，长4.5～5mm，黄色有光泽，基盘具等长于小穗的白色或淡黄色的丝状毛；第一颖顶具3～4脉，边脉上部粗糙，顶端渐尖，背部无毛；第二颖常具1脉，粗糙，上部内折之边缘具纤毛；第一外稃长圆形，膜质，长约4mm，边缘具纤毛；第二外稃明显短于第一外稃，先端2裂，裂片间具1芒，芒长9～10mm，棕色，膝曲，芒柱稍扭曲，长约2mm。

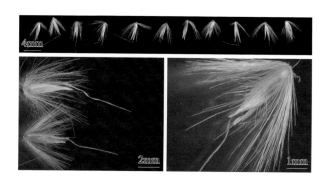

产地 海南各地；遍布于海拔1 800m以下的山地、丘陵和荒坡原野。

分布 生长适应性强，几乎遍布全国。

甘蔗属 *Saccharum* L.

本属约有8种，大多产于亚洲的热带与亚热带。我国有5种；海南有3种。本图鉴介绍金猫尾 *S. fallax* Balansa、甜根子草 *S. spontaneum* L. 2种。甜根子草根状茎发达，固土力强，能适应干旱沙地生长，是巩固河堤的保土植物；也是栽培甘蔗进行有性杂交育种的主要野生材料。金猫尾幼嫩时为优质饲草，也是天然牧草。

5.42 金猫尾 *Saccharum fallax* Balansa

别名 黄茅草 (海南)。

特征 无柄小穗长（3 ~ 5）~ 4mm，长圆状披针形，基盘具短于其小穗1/3的黄锈色柔毛；第一颖近革质，顶端稍尖及其边缘质地较薄而具纤毛，背部被锈色柔毛，脊间无脉；第二颖舟形，具3脉；外稃披针形，较短于颖，边缘具纤毛。

产地 海南各地；生于海拔400 ~ 1 000m的山坡草地。

分布 云南、广西、广东、海南等地。

5mm　2mm　2mm

5.43 甜根子草 *Saccharum spontaneum* L.

别名 割手密 (广东)、罗氏甜根子草、甜根斑茅。

特征 无柄小穗披针形，长 3.5 ～ 4mm，基盘具长于小穗 3 ～ 4 倍的丝状毛；第一颖上部边缘具纤毛；第二颖中脉成脊，边缘具纤毛；第一外稃卵状披针形，等长于小穗，边缘具纤毛；第二外稃窄线形，边缘具纤毛；鳞被倒卵形，长约 1mm，顶端具纤毛。

产地 海南各地；生于海拔 2 000m 以下的平原和山坡，河旁溪流岸边、砾石沙滩荒洲上，常连片形成单优势群落。

分布 陕西、江苏、安徽、浙江、江西、湖南、湖北、福建、台湾、广东、海南、广西、贵州、四川、云南等地。

  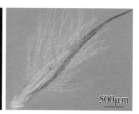

金发草属 *Pogonatherum* Beauv.

本属约有 4 种，主要产于亚洲和大洋洲的热带和亚热带地区。我国有 3 种；海南有 1 种。本图鉴介绍金丝草 *P. crinitum* (Thunb.) Kunth 和金发草 *P. paniceum* (Lam.) Hack. 2 种。金丝草全株入药，有清凉散热，解毒、利尿通淋之药效；又是牛马羊喜食的优良牧草。金发草是优良的岩生护坡植物，同时具有较高的观赏价值。

5.44 金丝草 *Pogonatherum crinitum*（Thunb.）Kunth

别名　笔子草 (台湾)、金丝茅、黄毛草 (广州)、必子草。

特征　无柄小穗长不及2mm，基盘的毛长约与小穗等长或稍长；第一颖背腹扁平，长约1.5mm，先端截平，具流苏状纤毛，具不明显或明显的2脉，背面稍粗糙；第二颖与小穗等长，稍长于第一颖，舟形，具1脉而呈脊，沿脊粗糙，先端2裂，裂缘有纤毛，脉延伸成弯曲的芒，芒金黄色，长15～18mm，粗糙；外稃稍短于第一颖，先端2裂，裂片为稃体长的1/3，裂齿间伸出细弱而弯曲的芒，芒长18～24mm，稍糙。

产地　海南各地；生于海拔2 000m以下的田埂、山边、路旁、河溪边、石缝瘠土或灌木下阴湿地。

分布　长江以南各省区。

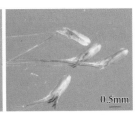

0.5mm　　　1mm　　　0.5mm

5.45 金发草 *Pogonatherum paniceum*（Lam.）Hack.

别名　竹篙草、蓑衣草、露水草 (四川)、金黄草、金发竹 (广西)。

特征　无柄小穗长2.5～3mm，基盘毛长1～1.5mm；第一颖扁平，薄纸质，稍短于第二颖，先端截平和近先端边缘密具流苏状纤毛，背部具3～5脉，粗糙或被微毛，无芒；第二颖舟形，与小穗等长，近先端边缘处被流苏状纤毛，具1脉而延伸成芒，芒长13～20mm，微糙或近光滑，稍曲折；外稃透明膜质，先端2裂，裂片尖，裂齿间伸出弯曲的芒，芒长15～18mm。

产地 湖北、湖南、广东、广西、贵州、云南、四川等省
（自治区）；生于海拔 2 300m 以下的山坡、草地、路边、
溪旁草地的干旱向阳处。

单序草属 *Polytrias* Hack.

本属到目前为止仅知有 1 种，产于亚洲大陆南部向东南延及诸
岛屿。我国有 1 种；海南产 1 种。本图鉴介绍短毛单序草 *P. indica*
var. *nana*（Keng & S. L. Chen）S. M. Phillips & S. L. Chen 1 种。

5.46 短毛单序草 *Polytrias indica* var. *nana* (Keng & S. L. Chen) S. M. Phillips & S. L. Chen (变种)

别名 矮金茅 (《海南植物志》)。

特征 小穗长圆形或线状长圆形，长 4 ~ 5mm，有暗黄色的
柔毛，有长约 0.6mm 的基盘，基盘上有近红色而为小
穗长 1/3 的髯毛；第一颖膜质，先端宽截平而具啮蚀
状的齿，齿缘有纤毛，背部扁平，在下部 1/2 ~ 2/3 部
分以及边缘密被锈色而长于颖片的毛，边缘有短纤毛；
第二颖近膜质，边缘有纤毛；第二外稃较第二颖短
1/8 ~ 1/4，有 2 齿，齿钻形，齿端具数根纤毛，齿间伸
出长 10 ~ 12mm 的芒；芒柱栗褐色，有细硬毛，稍短
于芒针，芒针色较淡。

产地 海南特产；生于向阳的砂岩草坡上。

孔颖草属 *Bothriochloa* Kuntze

　　本属约有35种，产于世界温带和热带地区。我国有4种1变种；海南有2种。本图鉴介绍臭根子草*B. bladhii*（Retz.）S. T. Blake和白羊草*B. ischaemum*（Linnaeus）Keng 2种。臭根子草叶片较柔软，适口性良好，牛、羊、马喜食；返青早，是春夏之交家畜的良好饲料。白羊草可作牧草；根可制各种刷子。

5.47 臭根子草 *Bothriochloa bladhii*（Retz.）S. T. Blake

别名　光孔颖草 <small>《海南植物志》</small>、臭子草。

特征　无柄小穗长圆状披针形，长3.5～4mm，灰绿色或带
　　　　紫色，基盘具白色髯毛；第一颖背腹扁，具5～7脉，
　　　　无毛或中部以下疏生白色柔毛，上部微成2脊，脊上具
　　　　小纤毛；第二颖舟形，上部具纤毛；第一外稃卵形或
　　　　长圆状披针形，长2～3mm，边缘及顶端有时疏生纤
　　　　毛；第二外稃退化成线形，先端具1膝曲的芒，芒长
　　　　10～16mm。

 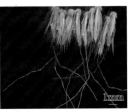 

产地 海南各地；生于山坡草地。

分布 安徽、湖南、福建、台湾、广东、广西、贵州、四川、云南、陕西。

5.48 白羊草 *Bothriochloa ischaemum*（Linnaeus）Keng

别名 白草、大王马针草。

特征 无柄小穗长圆状披针形，长4～5mm，基盘具髯毛；第一颖草质，背部中央略下凹，具5～7脉，下部1/3具丝状柔毛，边缘内卷成2脊；第二颖舟形，中部以上具纤毛；第一外稃长圆状披针形，长约3mm，先端尖，边缘上部疏生纤毛；第二外稃退化成线形，先端延伸成1膝曲扭转的芒，芒长10～15mm。颖果长椭圆形，黄褐色。

产地 海南海口；生于山坡草地和荒地。

分布 几乎遍及全国。

5.49 孔颖草 *Bothriochloa pertusa*（L.）A. Camus

别名 小孔颖草。

特征 无柄小穗披针形，长约4mm；第一颖纸质，在上部具1圆形凹点，有5～7脉，无毛或中部以下疏生细毛，边缘内折成脊；第二颖舟形，先端尖；第二外稃线形，先端延伸成1膝曲的芒，芒长1～1.5mm。

产地 广东、云南；生于海拔约1 500m的山坡草丛。

 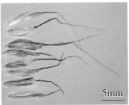 

细柄草属 *Capillipedium* Stapf

本属约有10种产于旧大陆的温带、亚热带和热带地区。我国有3种1变种；海南有2种。本图鉴介绍硬秆子草 *C. assimile* (Steud.) A. Camus 和细柄草 *C. parviflorum*（R. Br.）Stapf 2种。硬秆子草为良等牧草，牛、马、羊喜食开花期的叶片和初花期的花序，刈牧利用后和花期后老枝革质粗糙。

5.50 硬秆子草 *Capillipedium assimile*（Steud.）A. Camus

别名 竹枝细柄草《海南植物志》、硬杆子草、硬杆子茅、硬稗子草。

特征 无柄小穗长圆形，长2～3.5mm，背腹压扁，具芒，淡绿色至淡紫色，有被毛的基盘；第一颖顶端窄而截平，背部粗糙乃至疏被小糙毛，具2脊，脊上被硬纤毛，脊间有不明显的2～4脉；芒膝曲扭转，长6～12mm。

产地 海南南部；生于河边、林中或湿地。

分布 华中地区及广东、广西、西藏等地。

 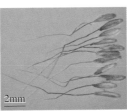 

5.51 细柄草 *Capillipedium parviflorum*（R. Br.）Stapf

别名 吊丝草_{（《海南植物志》）}、细子草、硬骨草_{（广东）}。

特征 无柄小穗长3～4mm，基部具髯毛；第一颖背腹扁，先端钝，背面稍下凹，被短糙毛，具4脉，边缘狭窄，内折成脊，脊上部具糙毛；第二颖舟形，上部边缘具纤毛，第一外稃先端钝或呈钝齿状；第二外稃线形，先端具一膝曲的芒，芒长12～15mm。

产地 海南各地；生于山坡草地、河边、灌丛中。

分布 我国长江以南各省份。

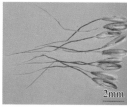

金须茅属 *Chrysopogon* Trin.

　　本属约有20种，产于热带和亚热带地区。我国有4种；海南有3种。本图鉴介绍竹节草*C. aciculatus*（Retz.）Trin.、金须茅*C. orientalis*（Desv.）A. Camus和香根草*C. zizanioides*（Linnaeus）Roberty 3种。竹节草根茎发达且耐贫瘠土壤，为较好的水土保持植物；全草药用，有清热利湿、消肿止痛之效。金须茅幼嫩时牛、羊、马喜食；极耐践踏，是我国南方优良的天然水土保持植物，也可以用来建植运动场、跑马场等粗放性草坪。香根草须根含香精油，油浓褐色，稠性大，紫罗兰香型，挥发性低，用作定香剂；幼叶是良好饲料；茎秆可作造纸原料；本科中唯一以须根提取精油原料的植物。

5.52 竹节草 *Chrysopogon aciculatus*（Retz.）Trin.

别名 草子花 (海南)、紫穗茅香、粘人草、鸡谷草。

特征 无柄小穗圆筒状披针形，中部以上渐狭，先端钝，长约4mm，具一尖锐而下延、长4～6mm的基盘，基盘顶端被锈色柔毛；第一颖披针形，具7脉，上部具2脊，其上具小刺毛，下部背面圆形，无毛；第二颖舟形，背面及脊的上部具小刺毛，先端渐尖至具一劲直的小刺芒，边缘膜质，具纤毛；第二外稃具长4～7mm的直芒。颖果黄色。

产地 海南各地；生于向阳贫瘠的山坡草地或荒野中，海拔500～1 000m。

分布 广东、广西、云南、台湾。

5.53 金须茅 *Chrysopogon orientalis*（Desv.）A. Camus

特征 无柄小穗长约6mm，背部无毛，基盘长约3mm，密生锈色柔毛；颖革质，第一颖具4脉，无芒，第二颖具明显的1脉，顶端具长12～18mm的直芒；第一外稃线形，稍短于颖，具纤毛；第二外稃顶生膝曲之芒，芒长4～6cm，扭转。

产地 海南沿海地方；生于山坡草地或海滨沙地上。

分布 福建、广东。

5.54 香根草 *Chrysopogon zizanioides*（Linnaeus）Roberty

别名 岩兰草。

特征 无柄小穗线状披针形，长4～5mm，基盘无毛；第一颖革质，背部圆形，边缘稍内折，近两侧压扁，5脉不明显，疏生纵行疣基刺毛；第二颖脊上粗糙或具刺毛；第一外稃边缘具丝状毛；第二外稃较短，顶端2裂齿间伸出一小尖头。颖果长圆形，黄色。

产地 海南儋州、乐东、万宁；喜生水湿溪流旁和疏松粘壤土上。

分布 江苏、浙江、福建、台湾、广东、海南及四川均有引种。

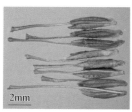

双花草属 *Dichanthium* Willemet

本属有10余种，产于东半球热带、亚热带。我国约3种；海南有2种。本图鉴介绍双花草*D. annulatum* (Forsk.) Stapf和单穗草*D. caricosum* (Linnaeus) A. Camus 2种。双花草草质柔嫩，适口性好，牛、马、羊喜食。

5.55 双花草 *Dichanthium annulatum* (Forsk.) Stapf

别名 双药芒。

特征 无柄小穗长3～5mm，卵状长圆形或长圆形，背部压扁；第一颖卵状长圆形或长圆形，顶端钝或截形，纸质，边缘具狭脊或内折，背部常扁平，无毛或被疏长毛，沿2脊上被纤毛；第二颖狭披针形，顶端尖或钝，无芒，具3脉，呈脊状，中脊压扁，脊的上部及边缘被纤毛；第二小花两性，外稃狭，稍厚，退化为芒的基部；芒长16～24mm，膝曲，扭转。

产地 海南东方；生于海拔500～1 800m的山坡草地。

分布 湖北、广东、广西、四川、贵州、云南等省（自治区）。

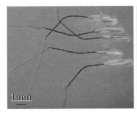
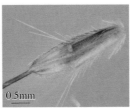

1mm　0.5mm　0.5mm

5.56 单穗草 *Dichanthium caricosum* (Linnaeus) A. Camus

特征 小穗对覆瓦状排列；无柄小穗两性，长4～5mm，倒卵状椭圆形或倒卵状长圆形，背部压扁，基盘短而阔，具很短的髯毛；第一颖薄纸质，倒卵形或长圆形，顶端钝或近截形而具齿，边缘具狭脊，脊具翅，在顶部内折，边缘具绢状硬睫毛，背部凸，无毛而光亮，具8～12脉；第二颖远狭于第一颖，内折，边缘膜质而中部以上具纤毛，顶端钝，具3脉，主脉呈脊，脊的两侧凹陷；第二小花两性，外稃狭，顶端延伸成芒，芒纤细，长15～25mm，膝曲。

产地 云南；生于海拔300～1 000m的山坡、路旁、田边。

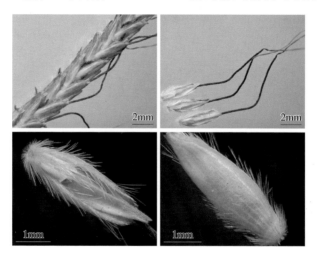

高粱属 *Sorghum* Moench

本属约有20种，产于全世界热带、亚热带和温带地区。我国现知有11种（包括引种逸生）；海南有3种。本图鉴介绍光高粱*S. nitidum*（Vahl）Pers.、石茅*S. halepense*（L.）Pers.、拟高粱*S. propinquum*（Kunth）Hitchc.、高粱*S. bicolor*（L.）Moench和苏丹草*S. sudanense*（Piper）Stapf 5种。光高粱全株可作牧草，种子含淀粉可食。石茅秆、叶可作饲料，又可作造纸原科；根茎发达，可作水土保持的材料。拟高粱可作饲料。高粱籽粒加工后即成为

高粱米,在中国、朝鲜、俄罗斯、印度及非洲等地皆为食粮;高
粱可制淀粉、制糖、酿酒和制酒精等。苏丹草适于青饲,也可青
贮和调制干草。

5.57 光高粱 *Sorghum nitidum*(Vahl)Pers.

别名 草蜀黍、野高粱。

特征 无柄小穗卵状披针形,长4~5mm,基盘钝圆,具棕
褐色髯毛;颖革质,成熟后变黑褐色,中部以下质地
较硬,光亮无毛,上部及边缘具棕色柔毛,第一颖背
部略扁平,先端渐尖而钝,第二颖略呈舟形;第一外
稃膜质,稍短于颖,上部具细短毛,边缘内折;第二
外稃透明膜质,无芒。

产地 海南各地;生于向阳山坡草丛中,海拔300~1 400m。

分布 山东、江苏、安徽、浙江、江西、福建、台湾、湖北、
湖南、广东、广西、云南。

 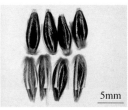 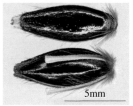

5.58 石茅 *Sorghum halepense*(L.)Pers.

别名 詹森草（《台湾植物志》）、琼生草、亚刺伯高粱（《广州植物志》）、假
高粱、阿拉伯高粱、宿根高粱。

特征 无柄小穗椭圆形或卵状椭圆形,长4~5mm,宽
1.7~2.2mm,具柔毛,成熟后灰黄色或淡棕黄色,基
盘钝,被短柔毛;颖薄革质,第一颖具5~7脉,脉在
上部明显,横脉于腹面较清晰,顶端两侧具脊,延伸
成3小齿;第二外稃顶端2裂或几乎不裂,有芒自裂齿

间伸出。

产地 海南各地、台湾、广东、四川（均系国外传入）；生于山谷、河边、荒野或耕地。

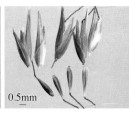

0.5mm 0.5mm 2mm

5.59 拟高粱 *Sorghum propinquum*（Kunth）Hitchc.

别名 七高粱、野高粱。

特征 无柄小穗椭圆形或狭椭圆形，长3.8～4.5mm，宽1.2～2mm，先端尖或具小尖头，疏生柔毛，基盘钝，具细毛；颖薄革质，具不明显的横脉，第一颖具9～11脉，脉在上部明显，边缘内折，两侧具不明显的脊，顶端无齿或具不明显的3小齿；第二颖具7脉，上部具脊，略呈舟形，疏生柔毛；第一外稃透明膜质，宽披针形，稍短于颖，具纤毛；第二外稃短于第一外稃，顶端尖或微凹，无芒。

产地 台湾、广东（栽培）；生于河岸旁或湿润之地。

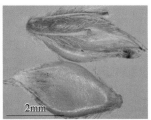

2mm 2mm

5.60 高粱 *Sorghum bicolor*（L.）Moench

别名 蜀黍《《博物志》》、荻粱、乌禾、木稷、藋粱、芦稷、芦粟、番黍。

特征 无柄小穗倒卵形或倒卵状椭圆形，长4.5 ~ 6mm，宽3.5 ~ 4.5mm，有髯毛；两颖均革质，上部及边缘通常具毛，初时黄绿色，成熟后为淡红色至暗棕色；第一颖背部圆凸，上部1/3质地较薄，边缘内折而具狭翼，向下变硬而有光泽，具12 ~ 16脉，仅达中部，有横脉，顶端尖或具3小齿；第二颖7 ~ 9脉，背部圆凸，近顶端具不明显的脊，略呈舟形，边缘有细毛。颖果两面平凸，长3.5 ~ 4mm，淡红色至红棕色，熟时宽2.5 ~ 3mm，顶端微外露。

产地 我国南北各省区均有栽培。

5.61 苏丹草 *Sorghum sudanense*（Piper）Stapf

别名 苏丹高粱。

特征 无柄小穗长椭圆形，或长椭圆状披针形，长6 ~ 7.5mm，宽2～3mm；第一颖纸质，边缘内折，脉可达基部，脉间通常具横脉，第二颖背部圆凸，具5～7脉；第一外稃椭圆状披针形，透明膜质，长5～6.5mm，无毛或边缘具纤毛；第二外稃卵形或卵状椭圆形，长3.5～4.5mm，顶端具0.5～1mm的裂缝，自裂缝间伸出长10～16mm的芒。颖果椭圆形至倒卵状椭圆形，长3.5～4.5mm。

产地　原产于非洲，现世界各国有引种栽培。

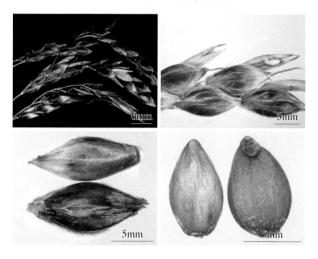

野古草属　*Arundinella* Raddi

　　本属约有50种，广布于亚洲及非洲热带、亚热带地区；主要产于亚洲，少数延伸至温带。我国现有3亚属20种3变种；海南有3种。本图鉴介绍西南野古草 *A. hookeri* Munro ex Keng、石芒草 *A. nepalensis* Trin.、野古草 *A. hirta*（Thunb.）Tanaka和刺芒野古草 *A. setosa* Trin. 4种。西南野古草茎叶鲜嫩时牲畜喜食。石芒草秆叶可作造纸原料。野古草幼嫩时牲畜喜食可作饲料；根茎密集，可固堤；秆叶亦可作造纸原料。刺芒野古草秆叶可作纤维原料；叶量少，营养期适口性中等；生长刺芒野古草的草地，可改造为半人工草地。

5.62 西南野古草 *Arundinella hookeri* Munro ex Keng

别名 穗序野古草、喜马拉雅野古草、陈谋野古草、密穗野古草。

特征 小穗灰绿色至褐紫色，长5～6（～6.5）mm，两颖上部疏生硬疣毛；第一颖卵状披针形，长3.5～5mm，先端渐尖，具5脉；第二颖长4.5～6.2mm，长渐尖，具5脉；第一小花雄性，长卵形，长3.5～5.5mm；外稃具3～5脉；第二小花长2.5～3.3mm；芒宿存，芒柱棕色，长1～2mm，芒针长2～3mm，基盘毛长约1mm。颖果长卵形。

产地 西藏、四川、贵州西部及云南；生于海拔3 000m以下的山坡草地或疏林。

5.63 石芒草 *Arundinella nepalensis* Trin.

别名 毛轴野古草、石珍芒 (广东)、石清草 (海南)、硬骨草 (福建)、吹鸡秆 (云南)、大序野古草。

特征 小穗长3.5~4mm，灰绿色至紫黑色；颖无毛；第一颖卵状披针形，长2.2~3.9mm，脊上稍粗糙，先端渐尖；第二颖等长于小穗，5脉，先端长渐尖；外稃长1.6~2mm，成熟时棕褐色，薄革质，无毛或微粗糙；芒宿存，芒柱长1~1.2mm，棕黄色，芒针长1.7~3.4mm；基盘具长0.3~0.7mm的毛。

产地 海南各地；生于海拔2 000m以下的山坡草丛。

分布 福建、湖南、湖北、广东、广西、贵州、云南、西藏等省（自治区）。

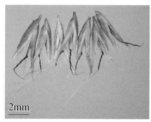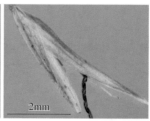

5.64 野古草 *Arundinella hirta*（Thunb.）Tanaka

别名 毛秆野古草、乌骨草 (广东)、硬骨草、白牛公。

特征 孪生小穗柄分别长约1.5mm及3mm，无毛；第一颖长3~3.5mm，具3~5脉；第二颖长3~5mm，具5脉；外稃上部略粗糙，3~5脉不明显，无芒，有时具0.6~1mm芒状小尖头。

产地 江苏、江西、湖北、湖南等省；多生于海拔1 000m以下的山坡、路旁或灌丛。

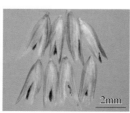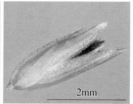

5.65 刺芒野古草 *Arundinella setosa* Trin.

别名 狗屎草、三芒野古草。

特征 小穗长5.5 ~ 7mm；第一颖具3 ~ 5脉，脉上粗糙，有时具短柔毛；第一小花中性或雄性，外稃具3 ~ 5脉，偶见7脉；第二小花披针形至卵状披针形，成熟时棕黄色，上部微粗糙；芒宿存，芒柱长2 ~ 4mm，黄棕色，芒针长4 ~ 6mm，侧刺白色劲直，基盘毛长0.6 ~ 0.8mm。颖果长卵形。

产地 海南乐东；生于海拔2 500m以下的山坡草地、灌丛、松林或松栎林下。

分布 华东、华中、华南及西南各省。

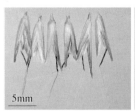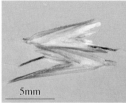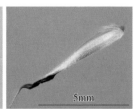

5mm　　　5mm　　　5mm

耳稃草属 *Garnotia* Brongn.

本属约有30种，分布于亚洲东部和南部，澳大利亚东北部，以至太平洋诸岛。我国有8种，4变种。本图鉴介绍耳稃草*G. patula*（Munro）Benth 1种。

5.66 耳稃草 *Garnotia patula*（Munro）Benth

别名 葛氏草《中国主要植物图说：禾本科》)、散穗葛氏草、加诺草、三脉草、狭穗草、对穗草、大耳稃草、劲直耳稃草、斑毛耳稃草、海南耳稃草、大穗耳稃草。

特征 小穗狭披针形，长4 ~ 4.5mm，基部被1圈短毛；两

颖等长或第一颖稍短，先端渐尖至具短尖头；第二颖
具长达2mm的短尖，具3脉，脉上粗糙；外稃与颖等
长，质较厚，成熟时呈棕黑色，无毛，具3脉，先端渐
尖具芒，芒细弱，稍粗糙，长7～10mm；内稃膜质，
稍短于外稃，近基部边缘具耳，耳以上至顶端具软
柔毛。

产地 福建、广东、广西等省（自治区）；生于海拔500～
600m的林下、山谷和湿润的田野路旁。

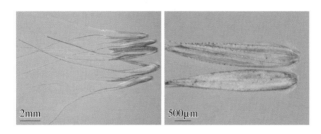

小丽草属 *Coelachne* R. Br.

本属约有4种，产于非洲、亚洲和大洋洲的热带和亚热带地区。
我国现知有1种；海南有1种。本图鉴介绍小丽草 *C. simpliciuscula*
（Wight et Arn.）Munro ex Benth. 1种。

5.67 小丽草 *Coelachne simpliciuscula*（Wight et Arn.）Munro ex Benth.

特征 小穗长2～3mm，淡绿色或微带紫色；颖草质，具
膜质的边缘；外稃纸质，长2.5～3mm，内稃与外稃
等长，背部有一凹槽。颖果棕色，卵状椭圆形，长约
1.2mm。

产地 海南文昌；生于潮湿的谷中或溪旁草丛。

分布 广东、云南、贵州、四川等。

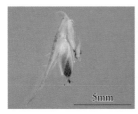
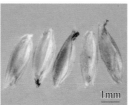

柳叶箬属 *Isachne* R. Br.

本属约有140种，产于全世界的热带或亚热带地区。我国有16种和7变种；海南产4种及1变种。本图鉴介绍柳叶箬 *I. globosa* (Thunb.) Kuntze和日本柳叶箬 *I. nipponensis* Ohwi 2种。柳叶箬全草可用于小便淋痛，跌打损伤；抽穗前秆叶柔软，家畜极喜食，为饲养家兔好草料之一。

5.68 柳叶箬 *Isachne globosa*（Thunb.）Kuntze

别名 类黍柳叶箬《台湾植物志》、柳叶若。

特征 小穗椭圆状球形，长2~2.5mm，淡绿色，或成熟后带紫褐色；两颖近等长，纸质，具6~8脉，无毛，顶端钝或圆，边缘狭膜质；第二小花雌性，近球形，外稃边缘和背部常有微毛。

产地 海南北部和东南部部分；生于低海拔的缓坡、平原草地。

分布 全国各地。

5.69 日本柳叶箬 *Isachne nipponensis* Ohwi

别名 华柳叶箬、日本柳叶箬、平颖柳叶箬、小花柳叶箬。

特征 小穗球状椭圆形，淡绿色，长约1.5mm；颖等长或略长于小穗，卵状椭圆形，具5～7脉，背部自中部以上疏生纤毛；两小花同质同形，均可结实，椭圆形，长约1.3mm；外稃被微毛，与内稃均变硬而为革质。颖果半球形。

产地 海南白沙、琼中；多生于海拔1 000m以下的山坡、路旁等潮湿草地。

分布 浙江、江西、福建、湖南、广东、广西等地。

稗荩属 *Sphaerocaryum* Nees ex Hook. f.

本属仅有1种，广布于亚洲热带和亚热带地区。本图鉴介绍稗荩 *S. malaccense*（Trin.）Pilger 1种。

5.70 稗荩 *Sphaerocaryum malaccense*（Trin.）Pilger

别名 稃荩、稗、桴荩。

特征 小穗长约1mm；颖透明膜质，无毛，第一颖长约为小穗的2/3，无脉，第二颖与小穗等长或稍短，具1脉；外稃与小穗等长，被细毛。颖果卵圆形，棕褐色，长约0.7mm。

产地 海南保亭；多生于海拔1 500m以上的灌丛或草甸。

分布 安徽、浙江、江西、福建、台湾、广东、广西、云南。

薏苡属 *Coix* Linn.

本属约有10种，产于热带亚洲；我国有5种及2变种。本图鉴介绍薏苡 *C. lacryma-jobi* L. 1种。本植物秆叶可作造纸原料；念珠状的有珐琅质，颜色有白、灰、蓝紫等各色，可做手工艺品；颖果可食用又可酿酒，可入药；根可驱虫。

5.71 薏苡 *Coix lacryma-jobi* L.

别名 菩提子（《本草纲目》）、野薏米（广东）、五谷子、草珠子、大薏苡、念珠薏苡。

特征 雌小穗位于花序之下部，外面包以骨质念珠状之总苞，总苞卵圆形，长7～10mm，直径6～8mm，珐琅质，坚硬，有光泽；第一颖卵圆形，顶端渐尖呈喙状，具10余脉，包围着第二颖及第一外稃；第二外稃短于颖，具3脉，第二内稃较小；雌蕊具细长之柱头，从总苞之顶端伸出。

产地 海南各地；多生于湿润的屋旁、池塘、河沟、山谷、溪涧或易受涝的农田等地方，海拔200～2 000m处常见。

分布 全国各地。

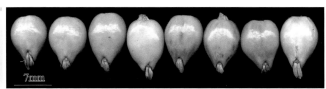

类蜀黍属 *Euchlaena* Schrad.

本属有2种，分布于中美洲墨西哥。我国引种1种。本图鉴介绍类蜀黍 *E. mexicana* Schrad. 1种。本种草质优良，可用于饲喂草食家畜；可晒干或制作青贮饲料。

5.72 类蜀黍 *Euchlaena mexicana* Schrad.

别名 大刍草、墨西哥野玉米。

特征 种子褐色或灰褐色。

产地 我国台湾等地畜牧所/站有引种栽培。原产墨西哥，可能从美国南部及印度等地引进。

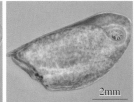

葫芦草属 *Chionache* R. Br.

本属约有9种，产热带亚洲和大洋洲。我国有2种；海南有2种。本图鉴介绍葫芦草 *C. massiei* (Balansa) Schenck ex Henrard 1种。

5.73 葫芦草 *Chionachne massiei*（Balansa）Schenck ex Henrard

特征 小穗柄顶端膨大凹陷成喇叭形；第一颖草质，中部缢缩形似葫芦，具宽翼，顶端钝，无毛，中部具半月形内卷之边缘，拥抱序轴节间；第二颖嵌生于第一颖内，薄草质，顶端长渐尖，基部具一空腔；外稃厚膜质，卵状披针形。

产地 海南澄迈；生于草地上。

分布 中南半岛。

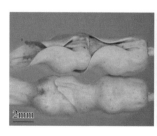
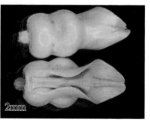

蒺藜草属 *Cenchrus* L.

本属约有25种，产于全世界热带和温带地区，主要在美洲和非洲温带的干旱地区，印度、亚洲南部和西部、澳大利亚有少数产地。我国有2种。本图鉴介绍蒺藜草 *C. echinatus* L. 1种。蒺藜草抽穗前期质地柔软，营养丰富，牛、羊极喜食，亦可割口喂兔、鹅及火鸡。

5.74 蒺藜草 *Cenchrus echinatus* L.

特征 刺苞呈稍扁圆球形，长5～7mm，宽与长近相等，刚毛在刺苞上轮状着生，具倒向粗糙，直立或向内反曲，刺苞背部具较密的细毛和长绵毛，刺苞裂片于1/3或中部稍下处连合，边缘被平展较密长约1.5mm的白色纤毛，刺苞基部收缩呈楔形，总梗密具短毛，每刺苞内具小穗2～6个，小穗椭圆状披针形，顶端较长渐尖；颖薄质或膜质，第一颖三角状披针形，先端尖；外稃与小穗等长，先端尖，其内稃狭长，披针形，成熟时质地渐变硬。

产地 海南三亚、乐东；多生于干热地区临海的沙质土草地。

分布 海南、台湾、广东、云南南部。

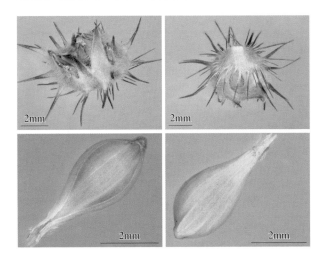

狼尾草属 *Pennisetum* Rich.

本属约有140种，主要产于全世界热带、亚热带地区，少数种类可达温寒地带，非洲为本属产地中心。我国有11种，2变种（包括引种栽培）；海南有2种及1栽培种。本图鉴介绍狼尾草 *P. alopecuroides*（L.）Spreng.、白草 *P. flaccidum* Grisebach、御谷 *P. glaucum*（Linnaeus）R. Brown、象草 *P. purpureum* Schum. 和牧地狼尾草 *P. polystachion*（Linnaeus）Schultes 5种。狼尾草可作饲料；也是编织或造纸的原料；可作固堤防沙植物。白草为优良牧草。御谷鲜草细嫩，叶量大，是理想的饲草，可以青刈，又可青贮和调制干草；种子是优质精饲料；是一种草料兼用，粮草双高产的饲料作物。象草是优良饲草、重要的造纸业原料、新型生物能源；是绿化荒山、保持水土、开发利用山地的理想草种。牧地狼尾草幼嫩时叶、茎柔软，牛、羊采食，可以放牧，也可青刈饲喂，还可晒制干草或制成草粉利用，属于良等牧草。

5.75 狼尾草 *Pennisetum alopecuroides*（L.）Spreng.

别名 莨草 (《植物名实图考》)、狗尾巴草 (浙江)、芮草 (江苏)、狗仔尾 (广东)、双穗狼尾草 (《海南植物志》)。

特征 刚毛粗糙，淡绿色或紫色，长1.5～3cm；小穗通常单生，偶有双生，线状披针形，长5～8mm；第一颖微小或缺，长1～3mm，脉不明显或具1脉；第二颖卵状披针形，先端短尖，具3～5脉；第一外稃与小穗等长，具7～11脉；第二外稃与小穗等长，披针形，具5～7脉，边缘包着同质的内稃。颖果长圆形，长约3.5mm。

产地 海南各地；多生于海拔50～3 200m的田岸、荒地、道

旁及小山坡上。

分布 我国南北各地。

5.76 白草 *Pennisetum flaccidum* Grisebach

别名 兰坪狼尾草。

特征 刚毛柔软，细弱，微粗糙，长8～15mm，灰绿色或紫色；小穗通常单生，卵状披针形，长3～8mm；第一颖微小，先端钝圆、锐尖或齿裂，脉不明显；第二颖长为小穗的1/3～3/4，先端芒尖，具1～3脉；第一外稃与小穗等长，厚膜质，先端芒尖，具3～5（～7）脉；第二小花两性，第二外稃具5脉，先端芒尖，与其内稃同为纸质。颖果长圆形。

产地 黑龙江、吉林、辽宁、内蒙古、河北、山西、陕西、甘肃、青海、四川（西北部）、云南（北部）、西藏等省（自治区）；多生于海拔800～4 600m山坡和较干燥之处。

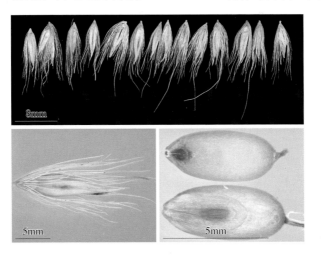

5.77 御谷 *Pennisetum glaucum*（Linnaeus）R. Brown

别名 珍珠粟、蜡蠋稗、豫谷、蜡烛稗、御谷、观赏谷子。

特征 小穗通常双生于一总苞内成束，倒卵形，长3.5～
4.5mm，基部稍两侧压扁；刚毛短于小穗，粗糙或基
部生柔毛；颖膜质，具细纤毛；第一外稃长约2.5mm，
先端截平，边缘膜质，具纤毛，具5脉，内稃薄纸质，
遍生细毛；第二外稃长约3mm，先端钝圆，具纤毛，
具5～6脉（基部不明显）。颖果近球形或梨形，成熟
时膨大外露，长约3mm。

产地 原产于非洲，亚洲和美洲均已引种栽培作粮食。

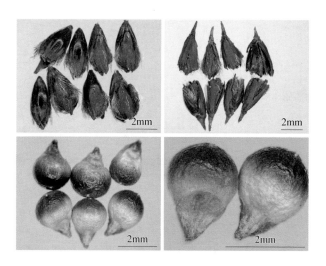

5.78 象草 *Pennisetum purpureum* Schum.

别名 紫狼尾草、柴狼尾草、马鹿草。

特征 刚毛金黄色、淡褐色或紫色，长1～2cm，生长柔毛而
呈羽毛状；小穗披针形，长5～8mm，近无柄；第一
颖长约0.5mm或退化，先端钝或不等2裂，脉不明显；
第二颖披针形，长约为小穗的1/3，先端锐尖或钝，具
1脉或无脉；第一外稃长约为小穗的4/5，具5～7脉；
第二外稃与小穗等长，具5脉。

产地 原产于非洲，江西、四川、广东、广西、云南、江苏、海南等地已引种栽培成功。

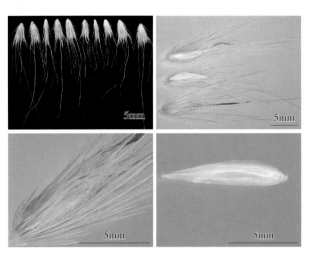

5.79 牧地狼尾草 *Pennisetum polystachion*（Linnaeus）Schultes

别名 多穗狼尾草。

特征 刚毛不等长，外圈者较细短，内圈者有羽状绢毛，长可达1cm；小穗卵状披针形，长3～4mm，多少被短毛；第一颖退化；第二颖与第一外稃略与小穗等长，具5脉，先端3丝裂，第一内稃之二脊及先端有毛；第二外稃稍软骨质，短于小穗，长约2.4mm。

产地 热带美洲及热带非洲，我国台湾及海南已引种而归化；

  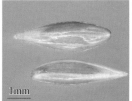

常见于山坡草地。

糖蜜草属 *Melinis* Beauv.

本属约有17种，主产热带非洲和南美洲。我国及许多热带国家都有引种，为饲料作物。本图鉴介绍糖蜜草 *M. minutiflora* Beauv. 和红毛草 *M. repens*（Willdenow）Zizka 2种。糖蜜草营养生长期长，草质柔软，适口性好，是牛的优质饲草，可供放牧利用、青饲、晒制干草或调制青贮饲料；在中国南方水土流失严重的红壤土上种植，亦能生长良好，形成厚密草层、覆盖地表，是治理水土流失和改良草地的先锋草种。红毛草可作牧草。

5.80 糖蜜草 *Melinis minutiflora* Beauv.

特征 小穗卵状椭圆形，长约2mm，多少两侧压扁，无毛；第一颖小，三角形，无脉，第二颖长圆形，具7脉，顶端2齿裂，裂齿间具短芒或无；外稃狭长圆形，具5脉，顶端2裂，裂齿间具1纤细的长芒，长可达10mm。颖果长圆形。

产地 原产于非洲。

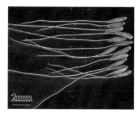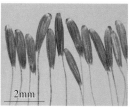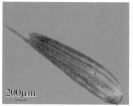

5.81 红毛草 *Melinis repens*（Willdenow）Zizka

别名 红茅草。

特征 小穗柄纤细弯曲，顶端稍膨大，疏生长柔毛；小穗长约5mm，常被粉红色绢毛；第一颖小，长约为小穗的

1/5，长圆形，具1脉，被短硬毛；第二颖和第一外稃具脉，被疣基长绢毛，顶端微裂，裂片间生1短芒；第一内稃膜质，具2脊，脊上有睫毛；第二外稃近软骨质，平滑光亮。

产地 原产于南非；我国广东、台湾等地有引种，已归化。

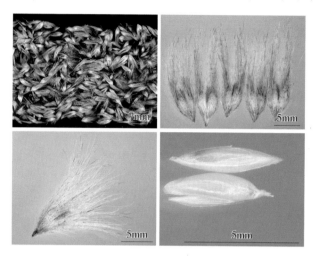

弓果黍属 *Cyrtococcum* Stapf

本属约有10种，主产非洲和亚洲热带地区。我国2种3变种；海南有4种。本图鉴介绍尖叶弓果黍 *C. oxyphyllum*（Hochst. ex Steud.）Stapf、弓果黍 *C. patens*（L.）A. Camus 和散穗弓果黍 *C. patens* var. *latifolium*（Honda）Ohwi 3种。弓果黍园林上只能做林下阴生观赏植物栽培。

5.82 尖叶弓果黍 *Cyrtococcum oxyphyllum*（Hochst. ex Steud.）Stapf

特征 小穗长约2mm，基部疏生数条细毛，毛长可达第一颖的2/3；颖及第一外稃质较厚，近纸质，红褐色，无毛；颖具3脉，第一颖阔卵形，长1.2～1.5mm，顶端渐尖；第二颖舟形，略短于小穗，顶端略尖；第一外稃与小穗等长，阔椭圆形，具5脉，顶端钝或近平截；第二外稃长约1.5mm，厚而坚硬，淡黄色或黄褐色，有光泽，近顶部有椭圆形鸡冠状小瘤体；边缘包卷长圆形的内稃。

产地 海南保亭、琼中、东方；生于山地疏林下、阴湿地。

分布 广东、海南、广西和云南等省（自治区）。

5.83 弓果黍 *Cyrtococcum patens*（L.）A. Camus

别名 瘤穗弓果黍。

特征 小穗长1.5～1.8mm，被细毛或无毛，颖具3脉，第一颖卵形，长为小穗的1/2，顶端尖头；第二颖舟形，长约为小穗的2/3，顶端钝；第一外稃约与小穗等长，具5脉，顶端钝，边缘具纤毛；第二外稃长约1.5mm，背部弓状隆起，顶端具鸡冠状小瘤体；第二内稃长椭圆形，包于外稃中。

产地 海南东方、儋州；生于丘陵杂木林或草地较阴湿处。

分布 江西、广东、广西、福建、台湾和云南等地。

5.84 散穗弓果黍 *Cyrtococcum patens* var. *latifolium* (Honda) Ohwi _(变种)

别名 彩穗弓果黍。

特征 小穗柄远长于小穗，易脱落。

产地 海南陵水、儋州；生于山地或丘陵林下。

分布 广东、广西、湖南、台湾、云南、贵州和西藏（墨脱）等地。

距花黍属 *Ichnanthus* Beauv.

　　本属约有26种，产于热带，以南美最多。我国1种；海南产1种。本图鉴介绍大距花黍 *I. pallens* var. major（Nees）Stieber 1种。大距花黍秆叶可作饲料。

5.85 大距花黍 *Ichnanthus pallens* var. *major*（Nees）Stieber _(变种)

别名 距花黍_{（《海南植物志》）}。

特征 小穗披针形，长3～5mm，微两侧压扁；颖革质，顶端尖，两颖间有明显的节相隔，第一颖长3～3.5mm，具3脉；第二颖与第一颖近等长，具5脉；第一外稃草质，顶端略钝，具5～7脉；第一内稃椭圆形，膜质，狭小，有时内包雄蕊；第二外稃革质，长2～2.5mm，长圆形，顶端钝，基部两侧贴生膜质附属物，干枯时成两缢痕。

产地 海南东方、儋州、琼中、陵水；常见生于山谷林下、阴湿处、水旁及林下。

分布 广东、广西、江西、湖南、福建、台湾、云南等地。

露籽草属 *Ottochloa* Dandy

本属约有4种，产于印度、马来西亚、非洲及大洋洲。我国有1种，2变种；海南有1种。本图鉴介绍露籽草 *O. nodosa*（Kunth）Dandy 和小花露籽草 *O. nodosa* var. *micrantha*（Balansa）Keng f. 2种。小花露籽草作具有较强的耐阴性，生长迅速，覆盖地表快，在较短时间内就可形成致密的草坪，适合在被遮光地带。

5.86 露籽草 *Ottochloa nodosa*（Kunth）Dandy

别名 奥图草（《海南植物志》）、假稷露子草、大节奥图草、新店奥图草。

特征 小穗椭圆形，长2.8～3.2mm；颖草质，第一颖长约为小穗的1/2，具5脉，第二颖长约为小穗的1/2～2/3，具5～7脉；第一外稃草质，约与小穗等长，有7脉；第二外稃骨质，与小穗近等长，平滑，顶端两侧压扁，呈极小的鸡冠状。

产地 海南中南部地区；多生于疏林下或林缘，海拔100～1700m。

分布 广东、广西、福建、台湾、云南等地。

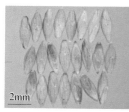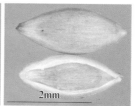

5.87 小花露籽草 *Ottochloa nodosa* var. *micrantha* (Balansa) Keng f. (变种)

别名 马拉巴奥图草《广州植物志》、小花露子草。

特征 小穗长2～2.5mm，顶端近短尖；第一颖卵形，长约为小穗的1/2，具3～5脉，最外一对脉靠近边缘或不显；第二颖卵形，长约为小穗之半，具7脉；第一外稃椭圆形，具5～7脉；第一内稃缺；第二外稃薄草质，与第一外稃同形、等长，边缘包裹着内稃。

产地 云南、华南等地区；生于山谷、林边湿地。

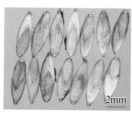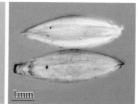

黍属 *Panicum* L.

本属约有500种，产于全世界热带和亚热带，少数产地达温带。我国有18种，2变种（包括引种归化的）；海南产12种。本图鉴介绍细柄黍 *P. sumatrense* Roth ex Roemer & Schultes、大黍 *P. maximum* Jacq.、稷 *P. miliaceum* L.、旱黍草 *P. elegantissimum* J. D. Hooker、柳枝黍 *P. virgatum* L.、南亚黍 *P. humile* Nees ex Steudel、铺地黍 *P. repens* L.、糠稷 *P. bisulcatum* Thunb.、藤竹草 *P. incomtum* Trin.、心叶稷 *P. notatum* Retz.、短叶黍 *P. brevifolium* L.和紧序黍 *P. auritum* J. Presl ex Nees 12种。大黍在南亚热带四季常青，茎、叶软硬适用；牛、羊、马、鱼都喜食，尤以牛最喜食。稷为人类最早的栽培谷物之一，谷粒富含淀粉，供食用或酿酒，秆叶可为牲畜饲料。柳枝稷既可作为饲草，水土保持和风障植物，同时也是生物燃料和生产替代能源的原材料。铺地黍繁殖力特强，根系发达，可为高产牧草。糠稷为牛、马、羊、鱼、鹅等家畜的好饲草、青饲、青贮调制干草均可。心叶稷全草可入药，清热生津。

5.88 细柄黍 *Panicum sumatrense* Roth ex Roemer & Schultes

别名 无稃细柄黍。

特征 小穗卵状长圆形，长约3mm，顶端尖，无毛；第一颖宽卵形，顶端尖，长约为小穗的1/3，具3~5脉，或侧脉不明显；第二颖长卵形，与小穗等长，顶端喙尖，具11~13脉；第一外稃与第二颖同形，近等长，具9~11脉；第二外稃狭长圆形，革质，表面平滑，光亮，长约2.2mm。

产地 海南澄迈；生于丘陵灌丛中或荒野路旁。

分布 我国东南部、西南部和西藏等地。

5.89 大黍 *Panicum maximum* Jacq.

别名 羊草 (《广州常见经济植物》)、大绿草、坚利牧草。

特征 小穗长圆形，长约3mm，顶端尖，无毛；第一颖卵圆形，长约为小穗的1/3，具3脉，侧脉不甚明显，顶端尖，第二颖椭圆形，与小穗等长，具5脉，顶端喙尖；第一外稃与第二颖同形、等长，具5脉，其内稃薄膜质，与外稃等长，具2脉；第二外稃长圆形，革质，长约2.5mm，与其内稃表面均具横皱纹。

产地 原产于非洲，广东、台湾、海南等地有栽培。

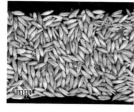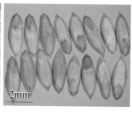

5.90 稷 *Panicum miliaceum* L.

别名 黍 (《本草纲目》)、糜、糜子稷、黄米、稷黍。

117

特征 小穗卵状椭圆形，长4～5mm；颖纸质，无毛，第一颖正三角形，长约为小穗的1/2～2/3，顶端尖或锥尖，通常具5～7脉；第二颖与小穗等长，通常具11脉，其脉顶端渐汇合呈喙状；第一外稃形似第二颖，具11～13脉；内稃透明膜质，短小，长1.5～2mm，顶端微凹或深2裂；第二小花长约3mm，成熟后因品种不同，而有黄、乳白、褐、红和黑等色；第二外稃背部圆形，平滑，具7脉，内稃具2脉。种脐点状，黑色。

产地 西北、华北、西南、东北、华南以及华东等地山区都有栽培，新疆偶见有野生状的。

1mm　　2mm　　1mm

5.91 旱黍草 *Panicum elegantissimum* J. D. Hooker

别名 毛叶黍。

特征 小穗卵状椭圆形，长2.5～4mm，绿色或紫褐色，无毛；第一颖宽卵形，长约为小穗的1/2～2/3，顶端尖，具5脉，有时侧脉不明显；第二颖与第一外稃等长，亦与小穗等长，顶端喙尖，具7脉；第一外稃具9脉，顶端喙尖，其内稃较短小，薄膜质，具2脉；第二小花卵

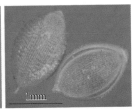

1mm　　1mm　　1mm

状椭圆形或长圆状披针形，长约2.5mm，顶端钝，表面平滑，光亮，灰白色至乳黄色。

产地 海南、广东、广西、台湾和西藏等地；生于草坡或干旱丘陵。

5.92 柳枝稷 *Panicum virgatum* L.

特征 小穗椭圆形，顶端尖，无毛，长约5mm，绿色或带紫色，第一颖长约为小穗的2/3 ～ 3/4，顶端尖至喙尖，具5脉；第二颖与小穗等长，顶端喙尖，具7脉；第一外稃与第二颖同形但稍短，具7脉，顶端喙尖；第二外稃长椭圆形，顶端稍尖，长约3mm，平滑，光亮。

产地 原产北美。

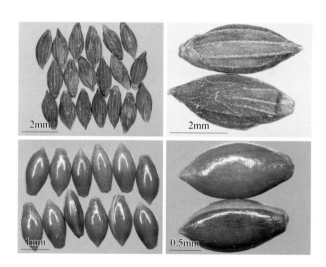

5.93 南亚黍 *Panicum humile* Nees ex Steudel

别名 矮黍（《广州植物志》）、南亚稷。

特征 小穗具柄，椭圆形或卵状长圆形，长约1.5mm，顶端尖，无毛，熟时紫红色；第一颖尖卵形，长约为小

穗的2/3 ~ 3/4，顶端渐尖，基部包卷小穗，具3 ~ 5
脉，边缘膜质；第二颖顶端喙尖，具5脉；第一外稃
稍短于第二颖，顶端喙尖，具5脉，其内稃薄膜质，短
于第一外稃；第二外稃革质，长圆形或狭长圆形，长
约1.2mm，顶端钝，背面弓形，平滑光亮，白色后变淡
灰色。

产地 台湾、广东、海南、广西和西藏等地；生于旷野或田间。

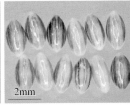

5.94 铺地黍 *Panicum repens* L.

别名 枯骨草（《海南植物志》）、铺地稷黍。

特征 小穗长圆形，长约3mm，无毛，顶端尖；第一颖薄膜
质，长约为小穗的1/4，基部包卷小穗，顶端截平或圆

钝，脉常不明显；第二颖约与小穗近等长，顶端喙尖，具7脉，第一小花雄性，其外稃与第二颖等长；第二小花结实，长圆形，长约2mm，平滑、光亮，顶端尖。

产地 我国东南各地；生于海边、溪边以及潮湿之处。

5.95 糠稷 *Panicum bisulcatum* Thunb.

别名 糠黍、粮稷、糖稷、糖黍。

特征 小穗椭圆形，长2～2.5mm，绿色或有时带紫色；第一颖近三角形，长约为小穗的1/2，具1～3脉，基部略微包卷小穗；第二颖与第一外稃同形并且等长，均具5脉，外被细毛或后脱落；第一内稃缺；第二外稃椭圆形，长约1.8mm，顶端尖，表面平滑，光亮，成熟时黑褐色。

产地 海南琼中；生于荒野潮湿处。

分布 我国东南部、南部、西南部和东北部。

5.96 藤竹草 *Panicum incomtum* Trin.

别名 藤叶草、藤叶黍。

特征 小穗卵圆形，长2～2.2mm，顶端钝或稍尖；第一颖卵形，顶端尖，或具纤毛，基部包卷小穗，长约为小穗的1/2或超过，具3～5脉；第一外稃与第二颖等长且同形，均具5脉，第一内稃薄膜质，而窄小，长约为外稃的2/3；第二外稃长约2mm，平滑而光亮，成熟时褐色，背部具脊，顶端朝上弯曲。

产地 海南中南部山地；生于林地草丛。

分布 江西、福建、台湾、广东、广西和云南等地。

5.97 心叶稷 *Panicum notatum* Retz.

别名 山黍（《广州植物志》）、硬骨草（海南）、心叶黍、土淡竹叶。

特征 小穗椭圆形，绿色，后变淡紫色，长2.3～2.5mm，无毛或贴生微毛，具长柄；第一颖阔卵形至卵状椭圆形，几与小穗等长，具5脉，顶端尖；第一外稃与第二颖同形，具5脉，其内稃缺；第二外稃革质，平滑、光亮，具脊，椭圆形，顶端尖略短于小穗，灰绿色至褐色。颖果半透明，淡黄色。

产地 海南各地；常生于林缘。

分布 福建、台湾、广东、广西、云南和西藏等地。

5.98 短叶黍 *Panicum brevifolium* L.

别名 短叶稷。

特征 小穗椭圆形，长 1.5 ~ 2mm；颖背部被疏刺毛；第一颖近膜质，长圆状披针形，稍短于小穗，具 3 脉；第二

颖薄纸质，较宽，与小穗等长，背部凸起，顶端喙尖，具5脉；第一外稃长圆形，与第二颖近等长，顶端喙尖，具5脉；第二小花卵圆形，长约1.2mm，顶端尖，具不明显的乳突。

产地 海南常见于林地附近；多生于阴湿地和林缘。

分布 福建、广东、广西、贵州、江西、云南等省（自治区）。

5.99 紧序黍 *Panicum auritum* J. Presl ex Nees

别名 长耳膜稃草。

特征 小穗草黄色，卵状披针形，长2～2.2mm，宽约1mm，顶端尖；第一颖广卵形；第二颖与第一外稃近等长，草质，具5脉，近平滑；第二外稃长约2mm，薄纸质，黄绿色，顶端尖。

产地 海南东方、陵水、三亚、儋州、琼中；生于水旁、海边及林缘或疏林下。

分布 福建、云南、海南等地。

1mm 　0.5mm

囊颖草属 *Sacciolepis* Nash

本属约有30种，产于热带和温带地区，多数产于非洲。我国3种，1变种；海南产2种。本图鉴介绍囊颖草*S. indica*（L.）A. Chase和鼠尾囊颖草*S. myosuroides*（R. Br.）A. Chase ex E. G. Camus et A. Cacmus 2种。囊颖草全草可入药，外用治跌打损伤。鼠尾囊颖草秆叶可作牛、羊饲料。

5.100 囊颖草 *Sacciolepis indica* （L.） A. Chase

别名 滑草 (《植物学大辞典》)、长穗稗、英雄草 (广西)。

特征 小穗卵状披针形，向顶渐尖而弯曲，绿色或染以紫色，长2～2.5mm，无毛或被疣基毛；第一颖为小穗长的1/3～2/3，通常具3脉，基部包裹小穗，第二颖背部囊状，与小穗等长，具明显的7～11脉，通常9脉；第一外稃等长于第二颖，通常9脉。颖果椭圆形。

产地 海南各地；多生于湿地或淡水中，常见于稻田边、林下等地。

分布 我国华东、华南、西南、中南各省（自治区）。

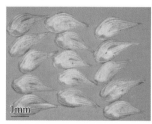

5.101 鼠尾囊颖草 *Sacciolepis myosuroides* （R. Br.） A. Chase ex E. G. Camus et A. Cacmus

别名 鼠尾滑草 (《广州植物志》)、鼠尾颖草。

特征 小穗通常紫色，卵状椭圆形，稍弯曲，长1.5～2mm，顶端尖或近钝，无毛或疏生微毛；第一颖长为小穗的1/2～2/3，具3～5脉；第二颖与小穗等长，具7～9脉；第一外稃与第二颖等长，具7～9脉；第一内稃极小，透明膜质；第二外稃略短于小穗，平滑光亮，边缘包着同质而较小的内稃。

产地 海南各地；多生于湿地、水稻田边或浅水中。

分布 我国华南、西南地区及西藏（墨脱）。

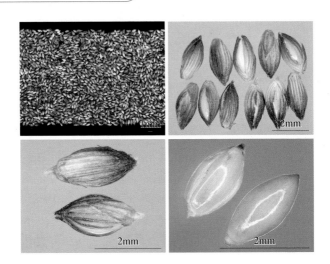

类雀稗属　*Paspalidium* Stapf

本属约有20种；产于热带地区。我国有2种。本图鉴介绍类雀稗*P. flavidum*（Retzius）A. Camus 1种。

5.102 类雀稗　*Paspalidium flavidum*（Retzius）A. Camus

特征　小穗卵形，长1.5～2.5mm，背部隆起，乳白色或稍带紫色；第一颖广卵形，先端圆形，长约为小穗之半，具3脉；第二颖略短于小穗，具7脉；第一外稃与小穗等长，具5脉；第二外稃骨质，具细点状；内稃透明膜质，略短于外稃。

  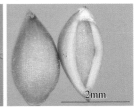

产地 云南、广东、海南；多生于海拔150 ～ 1 500m的山坡、路旁、荒地及田边。

钝叶草属 *Stenotaphrum* Trin.

本属约有8种，产于太平洋各岛屿以及美洲和非洲。我国有2种；海南有1种。本图鉴介绍钝叶草*S. helferi* Munro ex Hook. f. 1种。钝叶草秆叶肥厚柔嫩，为优良牧草。

5.103 钝叶草 *Stenotaphrum helferi* Munro ex Hook. f.

别名 苡米草、郝氏钝叶草、鸭口草。

特征 小穗卵状披针形，长4 ～ 4.5mm；颖先端尖，脉间有小横脉，第一颖广卵形，长为小穗的1/2 ～ 2/3，具（3 ～ ）5 ～ 7脉，第二颖约与小穗等长，具9 ～ 11脉；第一外稃与小穗等长，具7脉，内稃厚膜质，略短于外稃，具2脉；第二外稃草质，有被微毛的小尖头，边缘包卷内稃。

产地 海南陵水（吊罗山）、琼中（五指山）、白沙；生于湿

润草地、林缘或疏林。

分布 广东、云南等省。

凤头黍属 *Acroceras* Stapf

本属约有10种，分布于全世界热带地区。我国3种，产海南。本图鉴介绍凤头黍*A. munroanum*（Balansa）Henr.和山鸡谷草*A. tonkinense*（Balansa）C. E. Hubbard ex Bor 2种。凤头黍秆叶可为牲畜饲料。山鸡谷草为优良牧草。

5.104 凤头黍 *Acroceras munroanum*（Balansa）Henr.

别名 门氏凤头黍《中国主要植物图说：禾本科》）、华南凤头黍《海南植物志》）、短序凤头黍。

特征 小穗绿色或成熟时变枯黄色，长约4mm；颖纸质，先端具扁平状增厚的凸起；第一颖阔卵形，长约3.5mm，约为小穗3/4，具5脉；第二颖与第一外稃同形，均等长于小穗，具5～7脉；第二小花两性，外稃平滑而光亮，骨质，长3～3.5mm，先端具两侧压扁、稍扭卷呈凤头状凸起，边缘内卷，包着同质的内稃；内稃具2脊，顶端具反卷二尖凸。

产地 海南琼中、万宁、琼海；多生于丘陵山地、林缘、草坡上。

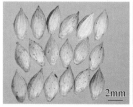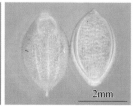

2mm 2mm 2mm

5.105 山鸡谷草 *Acroceras tonkinense*（Balansa）C. E. Hubbard ex Bor

别名 凤头黍 _{（《中国主要植物图说：禾本科》）}。

特征 小穗长5～5.5mm；第一颖阔椭圆形，长约为小穗的3/4，具5脉，第二颖与第一外稃同形，均等长于小穗，具5脉，先端稍增厚；第二小花两性，外稃稍短于小穗，平滑，光亮，近顶端增厚呈尖头状，边缘内卷，包着同质的内稃，内稃具二脊，先端二浅裂，边缘膜质。

产地 海南中南部地区；生于丘陵或山地林下阴湿处。

分布 海南、云南。

毛颖草属 *Alloteropsis* J. S. Presl ex Presl

本属约有10种，主要产于东半球热带地区，非洲、印度、马来西亚及大洋洲、南美洲也有。我国有2种，1变种；海南有2种。本图鉴介绍臭虫草*A. cimicina*（L.）Stapf.和毛颖草*A. semialata*（R. Br.）Hitchc. 2种。

5.106 臭虫草 *Alloteropsis cimicina*（L.）Stapf.

特征 小穗长约3.5mm；第一颖卵状披针形，长约2mm，顶端渐尖，具3脉；第二颖与小穗等长，薄纸质，顶端尖，具5脉，边缘具长约1mm的硬纤毛；第一外稃与第二颖相似，但质地较厚且无毛。第二外稃卵状椭圆

形，长约2.5mm，有小疣状突起，顶端具长2～3mm
的短芒。

产地 海南儋州；生于疏林下。

分布 广东、海南。

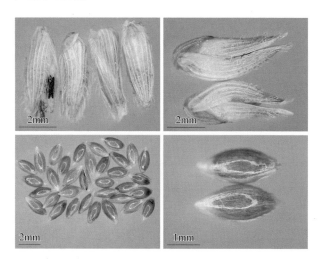

5.107 毛颖草 *Alloteropsis semialata* (R. Br.) Hitchc.

特征 小穗卵状椭圆形，长5～6mm；小穗柄长2～3mm，
短者长约1mm；第一颖卵圆形，长2～3mm，3脉于
先端汇合，顶端具短尖头；第二颖与小穗等长，具5
脉，边缘具宽约1mm的翼及密生开展的纤毛，顶端具
长2～3mm的短芒；第一外稃与第二颖等长，无翼或

上部边缘生细毛；第二外稃卵状披针形，长约4mm，平滑，具长2～3mm的短芒。

产地 海南各地；生于旷野、丘陵荒坡，海拔200m左右。

分布 台湾、福建、广东、广西及云南等地。

地毯草属 *Axonopus* Beauv.

本属约有40种，大都产于热带美洲地区。我国有2种；海南有1种。本图鉴介绍地毯草*A. compressus* (Sw.) Beauv. 1种。地毯草的匍匐枝蔓延迅速，每节上都生根和抽出新植株，植物体平铺地面成毯状，为铺建草坪的草种；根有固土作用，是一种良好的保土植物；又因秆叶柔嫩，为优质牧草。

5.108 地毯草 *Axonopus compressus* (Sw.) Beauv.

别名 大叶油草、地毡草。

特征 小穗长圆状披针形，长2.2～2.5mm，疏生柔毛，单生；第一颖缺；第二颖与第一外稃等长或第二颖稍短；第一内稃缺；第二外稃革质，短于小穗，具细点状横皱纹，先端钝而疏生细毛，边缘稍厚，包着同质内稃。

产地 海南文昌、琼海、万宁；生于荒野、路旁较潮湿处。

分布 台湾、广东、广西、云南。

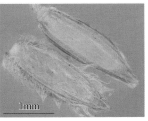

131

臂形草属 *Brachiaria* Griseb.

　　本属约有50种，广布于全世界热带地区。我国7种（包括引种），4变种；海南有2种。本图鉴介绍多枝臂形草 *B. ramosa*（L.）Stapf 和毛臂形草 *B. villosa*（Ham.）A. Camus 2种。本属植物与多种豆科牧草混播建植人工草地，也可刈割青饲，晒制干草，调制青贮料，营养丰富，可饲牛、羊、兔、鹅等畜禽；根蘖性强，覆盖性好，低矮、茂盛的枝叶能有效地削弱地表径流速度，为水土保持植物。

5.109 多枝臂形草 *Brachiaria ramosa*（L.）Stapf

特征　小穗椭圆状长圆形，长约3.5mm，疏生短硬毛，通常孪生，有时上部单生，稍疏离，一具短柄，一近无柄；第一颖广卵形，长约为小穗之半，具5脉；第二颖与小穗等长，顶端具小尖头，具5脉，第一小花中性，外稃具5脉，内稃膜质，狭窄而短小；第二外稃革质，长约2.5mm，先端尖，背部凸起，具明显横皱纹，边缘内卷，包着同质的内稃。

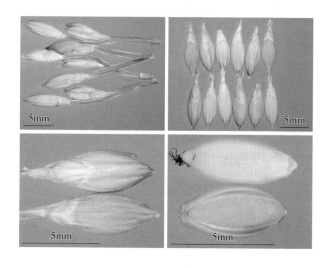

产地 海南儋州、东方；生于丘陵荒野草地上。

分布 海南、云南。

5.110 毛臂形草 *Brachiaria villosa*（Ham.）A. Camus

别名 鬄毛臂形草、金绵草、毛肾刑草。

特征 小穗卵形，长约2.5mm，常被短柔毛或无毛，通常单生；小穗柄长0.5～1mm，有毛；第一颖长为小穗之半，具3脉；第二颖等长或略短于小穗，具5脉；第二外稃革质，稍包卷同质内稃，具横细皱纹。

产地 河南、陕西、甘肃、安徽、江西、浙江、湖南、湖北、四川、贵州、福建、台湾、广东、广西、云南等地；生于田野和山坡草地。

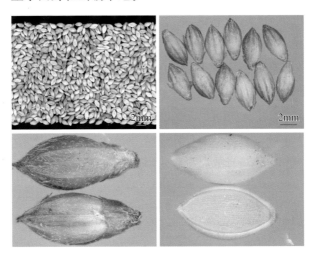

马唐属 *Digitaria* Haller

本属含有300余种，产于全世界热带地区。我国有24种；海南有8种及1亚种和4变种。本图鉴介绍异马唐 *D. bicornis*（Lam.）Roem. et Schult.、升马唐 *D. ciliaris*（Retz.）Koel.、毛马唐 *D. ciliaris*

var. *chrysoblephara*（Figari & De Notaris）R. R. Stewart、十字马唐
D. cruciata（Nees）A. Camus、红尾翎 *D. radicosa*（Presl）Miq.、
马唐 *D. sanguinalis*（L.）Scop.、海南马唐 *D. setigera* Roth ex Roem
et Schult.、止血马唐 *D. ischaemum*（Schreb.）Schreb.、长花马唐
D. longiflora（Retz.）Pers.、绒马唐 *D. mollicoma*（Kunth）Henr.、
三数马唐 *D. ternata*（Hochst.）Stapf ex Dyer 和紫马唐 *D. violascens*
Link 共 11 种 1 变种。升马唐是一种优良牧草。毛马唐为一种牧草。
十字马唐为一种优良牧草，其谷粒可供食用。红尾翎一种优良
牧草。马唐是一种优良牧草。海南马唐秆叶为牲畜的良好饲料。
三数马唐是一种有价值的牧草。紫马唐秆叶可为牲畜的饲料。

5.111 异马唐 *Digitaria bicornis*（Lam.）Roem. et Schult.

别名 异型马唐。

特征 小穗长约 3mm；第一颖微小，第二颖长为小穗的 2/3，
具 3 脉，脉间及边缘生柔毛；第一外稃具 5 ～ 7 脉，上
部稍粗糙，脉间近等长；长柄小穗长约 3mm；第一颖
微小；第二颖具 3 脉，边缘及脉间具柔毛；第一外稃等
长于小穗，中脉两侧的脉间较宽而无毛，侧脉及边缘
具长柔毛及混有刚毛。

产地 福建（厦门）及海南；生于河岸海滩边沙地上。

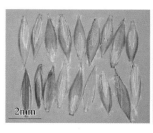

5.112 升马唐 *Digitaria ciliaris*（Retz.）Koel.

别名 纤毛马唐。

特征 小穗披针形，长3～3.5mm；小穗柄微粗糙，顶端截平；第一颖小，三角形；第二颖披针形，长约为小穗的2/3，具3脉，脉间及边缘生柔毛；第一外稃等长于小穗，具7脉，脉平滑，中脉两侧的脉间较宽而无毛，其他脉间贴生柔毛，边缘具长柔毛；第二外稃椭圆状披针形，革质，黄绿色或带铅色，顶端渐尖。颖果长椭圆形。

产地 海南儋州、万宁；生于路旁、荒野、荒坡。

分布 我国南北各省区。

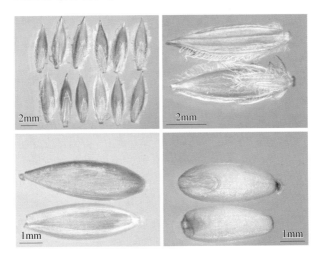

2mm　2mm
1mm　1mm

5.113 毛马唐 *Digitaria ciliaris* var. *chrysoblephara* (Figari & De Notaris) R. R. Stewart (变种)

别名 黄縫马唐（《海南植物志》）。

特征 小穗披针形，长3～3.5mm；小穗柄三棱形，粗糙；第一颖小，三角形；第二颖披针形，长约为小穗的2/3，具3脉，脉间及边缘生柔毛；第一外稃等长于小穗，具7脉，脉平滑，中脉两侧的脉间较宽而无毛，间脉与边脉间具柔毛及疣基刚毛，成熟后，两种毛均平展张开；

第二外稃淡绿色，等长于小穗。

产地 海南文昌、临高、儋州、东方；生于路旁田野。

分布 黑龙江、吉林、辽宁、河北、山西、河南、甘肃、陕西、四川、安徽及江苏等地。

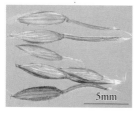  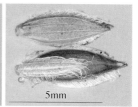

5.114 十字马唐 *Digitaria cruciata*（Nees）A. Camus

别名 熟地草、十子马唐。

特征 小穗长2.5～3mm，宽约1.2mm；第一颖微小，无脉；第二颖宽卵形，顶端钝圆，边缘膜质，长约为小穗的1/3，具3脉，大多无毛；第一外稃稍短于其小穗，顶端钝，具7脉，脉距近相等或中部脉间稍宽，表面无毛，边缘反卷，疏生柔毛；第二外稃成熟后肿胀，呈铅绿色，顶端渐尖成粗硬小尖头，伸出第一外稃之外而裸露。

产地 湖北、四川、贵州、云南、西藏；生于山坡草地，海拔900～2 700m。

  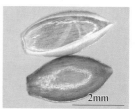

5.115 红尾翎 *Digitaria radicosa*（Presl）Miq.

别名 短叶马唐、红尾铜、华马唐、小马唐 (台湾)、红翎尾。

特征 小穗狭披针形，长2.8～3mm，为其宽的4～5倍；顶端尖或渐尖；第一颖三角形，长约0.2mm；第二颖长为小穗1/3～2/3，具1～3脉，长柄小穗的颖较长大，脉间与边缘生柔毛；第一外稃等长于小穗，具5～7脉，中脉与其两侧的脉间距离较宽，正面见有3脉，侧脉及边缘生柔毛；第二外稃黄色，厚纸质，有纵细条纹。

产地 海南儋州；生于丘陵、路边、湿润草地上。

分布 台湾、福建、海南和云南等地。

5.116 马唐 *Digitaria sanguinalis* (L.) Scop.

别名 大抓根草、红水草、鸡爪子草、面条筋、红茎马唐。

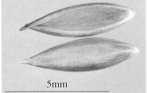

特征 小穗椭圆状披针形，长 3 ～ 3.5mm；第一颖小，短三角形，无脉；第二颖具 3 脉，披针形，长为小穗的 1/2 左右，脉间及边缘大多具柔毛；第一外稃等长于小穗，具 7 脉，中脉平滑，两侧的脉间距离较宽，无毛，边脉上具小刺状粗糙，脉间及边缘生柔毛；第二外稃近革质，灰绿色，顶端渐尖。

产地 西藏、四川、新疆、陕西、甘肃、山西、河北、河南及安徽等地；生于路旁、田野。

5.117 海南马唐 *Digitaria setigera* Roth ex Roem et Schult.

别名 短颖马唐、刚毛马唐。

特征 小穗椭圆形，长 2 ～ 2.5mm，为其宽的 2 倍；第一颖缺；第二颖长约 0.5mm，具 1 ～ 3 脉，先端具柔毛；第一外稃与小穗等长，具 7 脉，或间脉不明显；边脉彼此接近，边缘被柔毛。

产地 海南中南部；生于山坡、路旁和沙地上。

分布 广东、台湾、海南。

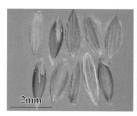

5.118 止血马唐 *Digitaria ischaemum* (Schreb.) Schreb.

别名 鸡爪子草、鸭茅马唐、鸭嘴马唐、抓秧草。

特征 小穗长 2 ～ 2.2mm，宽约 1mm；第一外稃具 5 ～ 7 脉，与小穗等长，脉间及边缘具细柱状棒毛与柔毛。

产地 黑龙江、吉林、辽宁、内蒙古、甘肃、新疆、西藏、陕西、山西、河北、四川及台湾等地；生于田野、河边润湿的地方。

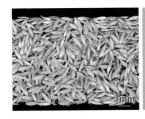
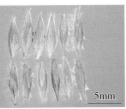
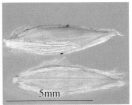

5.119 长花马唐 *Digitaria longiflora*（Retz.）Pers.

别名 长花水草。

特征 小穗椭圆形，长1.2～1.4mm，宽约0.7mm，顶端渐尖；第一颖缺；第二颖与小穗近等长，具3脉，背部及边缘密生柔毛；第一外稃等长于小穗，具7脉，除中脉两侧脉间无毛外，侧脉间及边缘生柔毛，毛壁具疣状突起；第二外稃顶端渐尖或外露，黄褐色或褐色。

产地 海南澄迈、琼中、东方、万宁；生于田边草地，海拔600～1100m。

分布 广东、海南、广西、福建、台湾、江西、湖南、四川、贵州、云南。

5.120 绒马唐 *Digitaria mollicoma*（Kunth）Henr.

特征 小穗椭圆形，顶端尖，长2～2.4mm，宽约1.1mm；第一颖存在，长约0.4mm，透明膜质，顶端截平；第二颖近等长或稍短于小穗，具3～5脉，边缘生柔毛，脉间多少贴生柔毛；第一外稃等长于小穗，5脉近等距，于先端汇合，脉间与边缘具柔毛，有时脉间毛少；第二外稃黄色至褐色，有细条纹。

产地 浙江、台湾、江西（都昌）；生于干旱沙丘或滨海沙地中，海拔可达1 200m。

  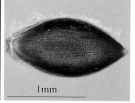

5.121 三数马唐 *Digitaria ternata*（Hochst.）Stapf ex Dyer

特征 第一颖不存在；第二颖具3脉，长为小穗的2/3，边缘及脉间具圆头状棒毛；第一外稃具5脉，除主脉两侧的脉间无毛外，均被圆头状棒毛；第二外稃等长于小穗，

成熟后黑褐色。

产地 四川、云南、广西；生于林地或田野。

5.122 紫马唐 *Digitaria violascens* Link

别名 五指草《《海南植物志》》、荩草、红茎马唐、五指马唐、紫果马唐、紫花马唐。

特征 小穗椭圆形，长1.5～1.8mm，宽0.8～1mm；第一颖不存在；第二颖稍短于小穗，具3脉，脉间及边缘生柔毛；第一外稃与小穗等长，有5～7脉，脉间及边缘生柔毛；毛壁有小疣突，中脉两侧无毛或毛较少；第二外稃与小穗近等长，中部宽约0.7mm，顶端尖，有纵行颗粒状粗糙，紫褐色，革质，有光泽。

产地 海南澄迈、儋州、昌江、琼中、万宁；生于海拔1 000m左右的山坡草地、路边、荒野。

分布 山西、河北、河南、山东、江苏、安徽、浙江、台湾、福建、江西、湖北、湖南、四川、贵州、云南、广西、广东以及陕西、新疆等地。

稗属 *Echinochloa* Beauv.

本属约有30种，产于全世界热带和温带。我国有9种，5变种；海南产1种及4变种。本图鉴介绍光头稗 *E. colona* (Linnaeus) Link、稗 *E. crus-galli* (L.) P. Beauv.、小旱稗 *E. crus-galli* var. *austrojaponensis*

Ohwi、短芒稗 *E. crus-galli* var. *breviseta* (Doll) Podpera、细叶旱稗 *E. crus-galli* var. *praticola* Ohwi、西来稗 *E. crus-galli* var. *zelayensis* (Kunth) Hitchcock、无芒稗 *E. crus-galli* var. *mitis* (Pursh) Petermann、长芒稗 *E. caudata* Roshev.、孔雀稗 *E. cruspavonis* (H. B. K.) Schult.、硬稃稗 *E. glabrescens* Munro ex Hook. f.、水田稗 *E. oryzoides* (Ard.) Flritsch. 和紫穗稗 *E. esculenta* (A. Braun) H. Scholz 7种5变种。光头稗籽粒含淀粉，可制糖或酿酒；全草可作饲料。稗适应性强，生长茂盛，品质良好，马、牛、羊均喜食，饲草及种子产量均高，是一年生草、料兼收的饲料作物。紫穗稗作饲料或粮食。

5.123 光头稗 *Echinochloa colona* (Linnaeus) Link

别名 芒稷（《中国主要植物图说：禾本科》）、扒草（广东）、稴草（江苏）、光头稗子。

特征 小穗卵圆形，长2~2.5mm，具小硬毛，无芒；第一颖三角形，长约为小穗的1/2，具3脉；第二颖与第一外稃等长而同形，顶端具小尖头，具5~7脉，间脉常不达基部；第一小花常中性，其外稃具7脉，内稃膜质，稍短于外稃，脊上被短纤毛；第二外稃椭圆形，平滑，

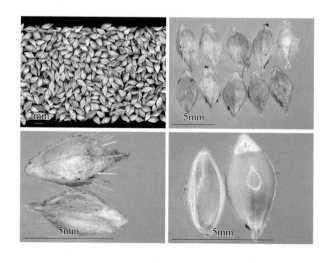

光亮，边缘内卷，包着同质的内稃。

产地 海南各地；多生于田野、园圃、路边湿润地上。

分布 河北、河南、安徽、江苏、浙江、江西、湖北、四川、贵州、福建、广东、广西、云南及西藏（墨脱）等地。

5.124 稗 *Echinochloa crus-galli* (L.) P. Beauv.

别名 旱稗（《九谷考》）、稗子（《救荒草本》）、扁扁草（江苏）、风稗、水稗、野稗。

特征 小穗卵形，长3～4mm，脉上密被疣基刺毛，具短柄或近无柄，密集在穗轴的一侧；第一颖三角形，长为小穗的1/3～1/2，具3～5脉，脉上具疣基毛，基部包卷小穗，先端尖；第二颖与小穗等长，先端渐尖或具小尖头，具5脉，脉上具疣基毛；第一小花通常中性，其外稃草质，上部具7脉，脉上具疣基刺毛，顶端延伸成一粗壮的芒，芒长0.5～3cm；第二外稃椭圆形，平滑，光亮，成熟后变硬，顶端具小尖头，尖头上有一圈细毛，边缘内卷，包着同质的内稃，但内稃顶端露出。

产地 几乎遍布全国；多生于沼泽地、沟边及水稻田中。

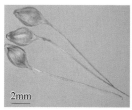

5.125 小旱稗 *Echinochloa crus-galli* var. *austrojaponensis* Ohwi （变种）

特征 小穗长7.5～8mm，常带紫色，脉上无疣基毛，但疏被硬刺毛，无芒或具短芒。

产地 江苏、浙江、江西、湖南、贵州、台湾、广东、广西及云南；多生于沟边或草地上。

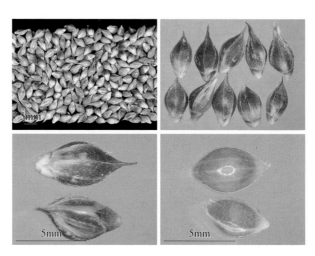

5.126 短芒稗 *Echinochloa crus-galli* var. *breviseta* (Doll) Podpera (变种)

特征 小穗卵形，绿色，长约3mm，脉上疏被短硬毛，顶端具小尖头或具短芒，芒长通常不超过0.5cm。

产地 海南白沙；生于草地上。

分布 台湾、广东、海南。

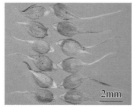 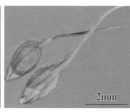 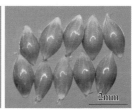

5.127 细叶旱稗 *Echinochloa crus-galli* var. *praticola* Ohwi (变种)

特征 小穗长2.5～3mm，无芒或具极短芒，脉上具疣基毛或刺毛。

产地 河北、安徽、江苏、湖北、台湾、贵州、广西及云南；
多生于路边草丛。

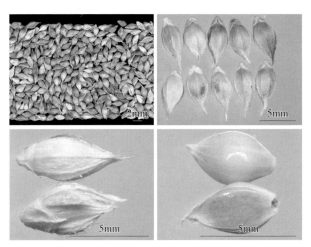

5.128 西来稗 *Echinochloa crus-galli* var. *zelayensis* (Kunth) Hitchcock (变种)

别名 穇子 (江苏)、锡兰稗。

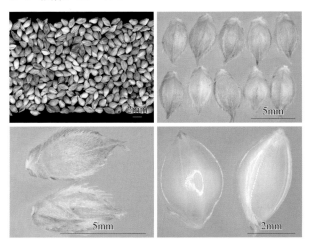

特征　小穗卵状椭圆形，长3～4mm，顶端具小尖头而无芒，脉上无疣基毛，但疏生硬刺毛。

产地　华北、华东、西北、华南及西南各省区；多生于水边或稻田中。

5.129 无芒稗 *Echinochloa crus-galli* var. *mitis* (Pursh) Petermann (变种)

特征　小穗卵状椭圆形，长约3mm，无芒或具极短芒，芒长常不超过0.5mm，脉上被疣基硬毛。

产地　东北、华北、西北、华东、西南及华南等省区；多生于水边或路边草地上。

5.130 长芒稗 *Echinochloa caudata* Roshev.

别名　长芒野稗、长尾稗、凤稗、水稗草。

特征　小穗卵状椭圆形，常带紫色，长3～4mm，脉上具硬刺毛，有时疏生疣基毛；第一颖三角形，长为小穗的1/3～2/5，先端尖，具3脉；第二颖与小穗等长，顶端具长0.1～0.2mm的芒，具5脉；第一外稃草质，顶端具长 1.5 ～ 5cm 的芒，具 5 脉，脉上疏生刺毛，内稃膜质，先端具细毛，边缘具细睫毛；第二外稃革质，光亮，边缘包着同质的内稃。

产地 黑龙江、吉林、内蒙古、河北、山西、新疆、安徽、江苏、浙江、江西、湖南、四川、贵州及云南等省（自治区）；多生于田边、路旁及河边湿润处。

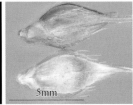

5.131 孔雀稗 *Echinochloa cruspavonis* (H.B.K.) Schult.

特征 小穗卵状披针形，长 2 ～ 2.5mm；第一颖三角形，长为小穗 1/3 ～ 2/5，具 3 脉；第二颖与小穗等长，顶端有小尖头，具 5 脉，脉上具硬刺毛；第一外稃草质，顶端具长 1 ～ 1.5cm 的芒，具 5 ～ 7 脉，脉上具刺毛；第二外

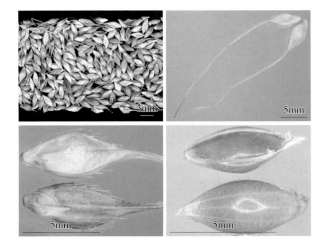

稃革质，平滑光亮，顶端具小尖头，边缘包卷同质的
内稃，内稃顶端外露。

产地 海南昌江、三亚、保亭、万宁、海口；多生于沼泽地
或水沟边。

分布 贵州、福建、广东、海南等省。

5.132 硬稃稗 *Echinochloa glabrescens* Munro ex Hook. f.

别名 台湾稗。

特征 小穗长 3 ～ 3.5mm，脉上不具或具疣基毛，无芒或具
芒；第一颖长为小穗的 1/3 ～ 1/2，先端尖，具 5 脉；第
二颖与小穗等长，具 5 脉，脉上具硬刺毛；第一小花中
性，其外稃革质或至少中间变硬呈革质，具 5 脉，脉上
具疣基毛；内稃膜质；第二外稃革质，光滑，边缘包
着同质的内稃。

产地 海南琼海、三亚；多生于田间水塘边或湿润地上。

分布 台湾、江苏、浙江、四川、贵州、广东、广西及云南
等地。

5.133 水田稗 *Echinochloa oryzoides*（Ard.）Flritsch.

别名 水稗、旱稗（《海南植物志》）。

特征 小穗卵状椭圆形，长 3.5 ～ 5mm，通常无芒或具长不
达 0.5cm 的短芒；颖草质，第一颖三角形，长为小穗的
1/2 ～ 2/3，先端渐尖，具 3 ～ 5 脉，脉上被硬刺毛；第

二颖等长于小穗，先端尖或渐尖，具5脉，脉上疏被硬刺毛；第一外稃革质，光亮，先端尖至具极短的芒（长不达0.5cm）；第二外稃革质，平滑而光亮。

产地 海南儋州、白沙、东方、三亚、保亭、万宁；生于水田、塘边湿润处。

分布 河北、江苏、安徽、台湾、广东、贵州、云南、西藏、新疆等地。

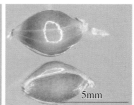

5.134 紫穗稗 *Echinochloa esculenta*（A. Braun）H. Scholz

别名 食用稗。

特征 小穗倒卵形至倒卵状椭圆形，长2.5～3cm，紫色，脉上被疣基毛；第一颖三角形，长约为小穗的1/3，先端尖，具3脉；第二颖稍短于小穗，具5脉；第一外稃草质，具5脉，顶端尖或具长0.5～2cm的芒；第二外稃革质，平滑光亮，边缘包着同质的内稃。

产地 全世界温带地区皆有栽培，我国贵州常引种。

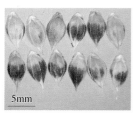

野黍属　*Eriochloa* Kunth

本属约有25种，产于全世界热带与温带地区。我国2种；海南有1种。本图鉴介绍高野黍 *E. procera* (Retz.) C. E. Hubb. 和野黍 *E. villosa* (Thunb.) Kunth 2种。高野黍秆叶为较好的牧草。野黍可作饲料；谷粒含淀粉，可食用。

5.135　高野黍　*Eriochloa procera* (Retz.) C. E. Hubb.

特征　小穗长圆状披针形，长约3mm，孪生或数个簇生，在上部稀可单生，基盘长约0.3mm，常带紫色；第一颖微小；第二颖与第一外稃等长而同质，均贴生白色丝状毛，第一内稃缺；第二外稃灰白，具细点微波状，长约2mm，顶端具长约0.5mm的小尖头。

产地　海南万宁、东方；生于荒沙地上。

分布　台湾及广东南部。

5.136　野黍　*Eriochloa villosa* (Thunb.) Kunth

别名　拉拉草、唤猪草《种子植物名称》、大籽稗、野糜子、猪儿草、螺泥草。

特征　小穗卵状椭圆形，长4.5～6mm；基盘长约0.6mm；小穗柄极短，密生长柔毛；第一颖微小，短于或长于基盘；第二颖与第一外稃皆为膜质，等长于小穗，均被细毛，前者具5～7脉，后者具5脉；第二外稃草质，稍短于小穗，先端钝，具细点状皱纹。

产地 东北、华北、华东、华中、西南、华南等地区；生于山坡和潮湿地区。

膜稃草属 *Hymenachne* Beauv.

本属约有10种，产于两半球的热带和温暖地区。我国有4种；海南产3种。本图鉴介绍膜稃草 *H. amplexicaulis*（Rudge）Nees 和弊草 *H. assamica*（J. D. Hooker）Hitchcock 2种。膜稃草为一种好饲料。弊草秆叶柔嫩，可为牲畜饲料。

5.137 膜稃草 *Hymenachne amplexicaulis*（Rudge）Nees

别名 单穗膜稃草、灯心草(海南)。

特征 小穗狭披针形，长4.5～5.5mm，宽约1mm；第一颖膜质，长约1.2mm，中脉粗糙；第二颖与第一外稃草质，披针形，长3～4mm，顶端具长0.5～2mm的短芒；脉上具刺状糙毛；第二外稃膜质，长约3mm，顶端渐尖，微粗糙；内稃顶端有2尖头。

产地 海南定安、儋州、三亚；生于溪河边、沼泽浅水处，海拔多在1 000m以下。

分布 云南南部、海南、广东。

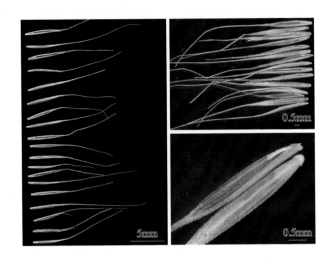

5.138 弊草 *Hymenachne assamica*（J. D. Hooker）Hitchcock

特征 小穗长圆状披针形，长3～3.2mm，宽约1mm；第一颖膜质，广卵形，长为小穗的1/3，具1或3脉；第二颖与第一外稃草质，具5脉，较平滑；第一外稃顶端尾尖，等长于小穗；第二外稃长约2.5mm，质地薄，顶端尖。

产地 海南万宁、陵水、保亭、三亚；生于水溪旁。

分布 广东、海南。

求米草属 *Oplismenus* Beauv.

本属约有20种，广布于全世界温带地区。我国4种，11变种；海南有3种及3变种。本图鉴介绍竹叶草*O. compositus*（L.）Beauv.、疏穗求米草*O. patens* Honda、求米草*O. undulatifolius*（Arduino）Beauv.、中间型竹叶草*O. compositus* var. *intermedius*（Honda）Ohwi、大叶竹叶草*O. compositus* var. *owatarii*（Honda）Ohwi和狭叶竹叶草*O. patens* var. *angustifolius*（L. C. Chia）S. L. Chen & Y. X. Jin 2种3变种。竹叶草全草入药，性味甘、淡、平，能清肺热、行血、消肿毒。

5.139 竹叶草 *Oplismenus compositus*（L.）Beauv.

别名 多穗缩箬（《广州植物志》）、大求米草、大缩箬草。

特征 小穗孪生（有时其中1个小穗退化）稀上部者单生，长约3mm；颖草质，近等长，长约为小穗的1/2 ~ 2/3，边缘常被纤毛，第一颖先端芒长0.7 ~ 2cm；第二颖顶端的芒长1 ~ 2mm；外稃革质，与小穗等长，先端具芒尖。

产地 海南各地；生于疏林下阴湿处。

分布 江西、四川、贵州、台湾、广东、云南等地。

1mm   0.5mm

5.140 疏穗竹叶草 *Oplismenus patens* Honda

别名 疏穗求米草《《海南植物志》》。

特征 小穗单生，卵状披针形，长约4mm；第一颖顶端的芒长1～1.4cm，具3～5脉；第二颖的芒长约为第一颖的一半；第一外稃与小穗近等长，背部疏生短毛，边缘被纤毛，顶端具短芒，芒长2～2.5mm，具7～9脉，内稃缺；第二外稃厚纸质或革质，稍短于第一外稃，光滑，顶端具长0.5～1mm的芒，边缘包着同质的内稃，先端稍露出。颖果半透明，淡黄色。

产地 海南东方、琼中、保亭；生于山地林下阴湿处。

分布 台湾、广东、海南、云南。

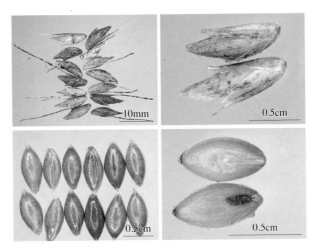

10mm 0.5cm 0.5cm 0.5cm

5.141 求米草 *Oplismenus undulatifolius* (Arduino) Beauv.

别名 缩箬《《植物学大辞典》》、皱叶茅、球米草、皱叶箬。

特征 小穗卵圆形，被硬刺毛，长3～4mm；颖草质，第一颖长约为小穗之半，顶端具长0.5～1.5cm硬直芒，具3～5脉；第二颖较长于第一颖，顶端芒长2～5mm，具5脉；第一外稃草质，与小穗等长，具7～9脉，顶端芒长1～2mm；第二外稃草质，长约3mm，平滑，结实时变硬，边缘包着同质的内稃。颖果黄褐色。

产地 广布我国南北各省区；生于疏林下阴湿处。

5.142 中间型竹叶草 *Oplismenus compositus* var. *intermedius*（Honda）Ohwi （变种）

别名 间型竹节草、中型竹叶草、间型竹叶草、中间竹叶草

特征 小穗孪生，稀上部者单生，长3～3.5mm；两颖均具5脉，第一颖具芒长5～10mm，第一外稃顶端具小尖头，具7～9脉。颖果长椭圆形。

产地 海南各地；生于山地、丘陵、疏林下阴湿地。

分布 台湾、浙江（南部）、台湾、四川、广东、广西、云南。

5.143 大叶竹叶草 *Oplismenus compositus* var. *owatarii*（Honda）Ohwi （变种）

别名 大渡求米草 （《中国主要植物图说：禾本科》）。

特征 小穗孪生，长约4mm，第一颖的芒长约8mm，具5脉；第二颖有长约1mm的芒，具5～7脉；第一外稃顶端具小尖头，具7～9脉。颖果黄绿色。

产地 海南琼中、陵水；生于山地疏林下阴湿处。

分布 贵州、台湾、广东、云南。

5.144 狭叶竹叶草 *Oplismenus patens* var. *angustifolius* (L. C. Chia) S. L. Chen & Y. X. Jin (变种)

特征 小穗单生于穗轴上，疏离、长约4mm，第一颖的芒长约5mm，第二颖的芒长约为第一颖的1/5，第一外稃具7脉。

产地 海南东方、琼中；生于山地疏林下阴湿处。

分布 海南、云南。

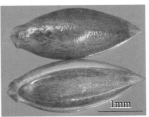

雀稗属 *Paspalum* L.

本属约有300种，产于全世界的热带与亚热带，热带美洲最丰富。我国有16种（连同引种栽培的）；海南有6种。本图鉴介绍两耳草 *P. conjugatum* Berg.、毛花雀稗 *P. dilatatum* Poir、长叶雀稗 *P. longifolium* Roxb.、双穗雀稗 *P. distichum* Linnaeus、鸭嘴草 *P. scrobiculatum* L.、圆果雀稗 *P. scrobiculatum* var. *orbiculare*（G. Forster）Hackel、囡雀稗 *P. scrobiculatum* var. *bispicatum* Hackel 和雀稗 *P. thunbergii* Kunth ex Steud. 6种2变种。两耳草的叶、茎柔嫩多汁，无论青草、干草，马、牛和羊均喜食；它既适宜放牧，也适宜刈割青草和晒制干草，还可作固土和草坪地被植物利用。毛花雀稗为一优良牧草，适口性极好，不论是鲜草还是干草，各类草食家畜均喜食。长叶雀稗茎叶柔嫩，叶量丰富，为水牛、奶牛、绵羊、山羊所喜食，可放牧亦可刈割饲喂。双穗雀稗为优良的水土保持植物。鸭嘴草是牛、羊和鱼的优良饲料；又可用于保持水土种植。圆果雀稗营养价值高，草质甜，适口性好；分蘖及再生性强，鲜草产量高，为草食性鱼类理想饲料之一。囡雀稗可为牧草。雀稗是放牧地的优等牧草，牛、羊均喜吃。

5.145 两耳草 *Paspalum conjugatum* Berg.

别名 叉仔草、双穗草。

特征 小穗卵形，长 1.5 ~ 1.8mm，宽约1.2mm，顶端稍尖；第二颖与第一外稃质地较薄，无脉，第二颖边缘具长丝状柔毛，毛长与小穗近等。第二外稃变硬，背面略隆起，卵形，包卷同质的内稃。颖果长约1.2mm。

产地 海南各地；生于田野、林缘、潮湿草地上。

分布 台湾、云南、海南、广西。

5.146 毛花雀稗 *Paspalum dilatatum* Poir

别名 美洲雀稗。

特征 小穗卵形，长 3 ~ 3.5mm，宽约2.5mm；第二颖等长于小穗，具7 ~ 9脉，表面散生短毛，边缘具长纤毛；第一外稃相似于第二颖，但边缘不具纤毛。

产地 浙江、上海、台湾、湖北（武昌）；生于路旁。

5.147 长叶雀稗 *Paspalum longifolium* Roxb.

特征 小穗宽倒卵形，长约2mm；第二颖与第一外稃被卷曲的细毛，具3脉，顶端稍尖；第二外稃黄绿色，后变硬。

产地 海南琼中；生于潮湿山坡田边。

分布 台湾、云南、广西、广东。

5.148 双穗雀稗 *Paspalum distichum* Linnaeus

别名 游草、游水筋、双耳草、双稳雀稗、铜线草。

特征 小穗倒卵状长圆形，长约3mm，顶端尖，疏生微柔毛；第一颖退化或微小；第二颖贴生柔毛，具明显的中脉；第一外稃具3～5脉，顶端尖；第二外稃草质，等长于小穗，黄绿色，顶端尖，被毛。

产地 海南海口、琼海；生于田边路旁。

分布 江苏、台湾、湖北、湖南、云南、广西、海南等地。

5.149 鸭姆草 *Paspalum scrobiculatum* L.

别名 窝孔雀稗、鸭母草、绉果雀稗、鸭草、绉稃雀稗。

特征 小穗圆形至宽椭圆形，长2.5mm左右；第一颖不存在；第二颖具5脉；第一外稃具5～7脉，膜质或有时变硬，边缘有横皱纹；第二外稃革质，暗褐色，等长于小穗。

产地 台湾、云南、广西、海南；生长于路旁草地或低湿地，海拔在500m以下。

5.150 圆果雀稗 *Paspalum scrobiculatum* var. *orbiculare*（G. Forster）Hackel (变种)

别名 园果雀稗、圆叶雀稗。

特征 小穗椭圆形或倒卵形，长2～2.3mm；第二颖与第一外稃等长，具3脉，顶端稍尖；第二外稃等长于小穗，成熟后褐色，革质，有光泽，具细点状粗糙。

产地 海南临高、定安、琼海、万宁、东方；广泛生于低海拔区的荒坡、草地、路旁及田间。

分布 江苏、浙江、台湾、福建、江西、湖北、四川、贵州、云南、广西、广东等地。

5.151 圆雀稗 *Paspalum scrobiculatum* var. *bispicatum* Hackel (变种)

别名 南雀稗、粗穗雀稗。

特征 小穗长约2.3mm，宽约2mm；第一颖有时存在；第二颖与第一外稃具5或7脉，带粉白色；第二外稃近革质，褐色，顶端钝圆，等长于小穗。

产地 云南、四川、江苏、浙江、福建、台湾、广西、广东；生于海拔200m以下的低丘陵山坡草地。

5.152 雀稗 *Paspalum thunbergii* Kunth ex Steud.

别名 龙背筋、鱼眼草、猪儿草、鲫鱼。

特征 小穗椭圆状倒卵形，长2.6～2.8mm，宽约2.2mm，散生微柔毛，顶端圆或微凸；第二颖与第一外稃相等，膜质，具3脉，边缘有明显微柔毛；第二外稃等长于小穗，革质，具光泽。

产地 江苏、浙江、台湾、福建、江西、湖北、湖南、四川、贵州、云南、广西、广东等地；生于荒野潮湿草地。

尾稃草属 *Urochloa* Beauv.

本属约有25种，产于东半球的热带地区。我国5种，2变种；海南有2种。本图鉴介绍类黍尾稃草*U. panicoides* Beauv.、雀稗尾稃草*U. paspaloides* J. S. Presl ex Presl、尾稃草*U. reptans*（Linnaeus）Stapf和光尾稃草*U. reptans* var. *glabra* S. L. Chen & Y. X. Jin 3种1变种。

5.153 类黍尾稃草 *Urochloa panicoides* Beauv.

别名 长叶尾稃草。

特征 小穗卵状椭圆形，长4～5mm，无毛；第一颖卵状，长为小穗的1/4～1/3，具3～5脉，脉在顶端有横脉互相汇合，第二颖与小穗等长，具5～7脉，脉向顶端汇合；第一小花雄性或中性，其外稃与第二颖同形同质，具5～7脉，内稃膜质，几乎等于第一外稃。

产地 四川、云南；生于草地及湖边潮湿地。

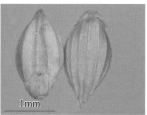

5.154 雀稗尾稃草 *Urochloa paspaloides* J. S. Presl ex Presl

别名 雀稗臂形草。

特征 小穗长圆状披针形，长约4mm，无毛，通常孪生；第一颖稍短于小穗，具5脉；第二颖与小穗等长，具5～7脉；第一外稃与小穗等长，具不明显5脉，其内稃通常缺或极小；第二外稃骨质，顶端具长约0.2mm的小尖头，表面具微细横皱纹。

产地 海南定安；生于旷野山坡或疏林下。

分布 海南、云南等地。

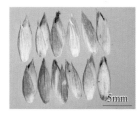

5.155 尾稃草 *Urochloa reptans*（Linnaeus）Stapf

别名 伏地尾稃草。

特征 小穗卵状椭圆形，长2～2.5mm，通常无毛；第一颖短小，长约0.5mm，先端钝，截平或中间凹，脉不明显；第二颖与小穗等长，具7～9脉；第一外稃与第二颖同形同质，具5脉，内稃膜质；第二外稃椭圆形，长1.8～2mm，具横皱纹，顶端具微小尖头，边缘稍内卷，包着同质的内稃。

产地 湖南、四川、贵州、台湾、广西、云南；生于草地或田野中。

  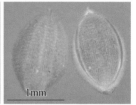

5.156 光尾稃草 *Urochloa reptans* var. *glabra* S. L. Chen & Y. X. Jin (变种)

特征 与原变种主要区别为穗轴及小穗柄无疣基长刺毛。

产地 云南；生于荒地及草地上。

狗尾草属 *Setaria* Beauv.

本属约有130种，广布于全世界热带和温带地区；甚至可分布至北极圈内，多数产于非洲。我国15种，3亚种，5变种；海南连栽培有4种和1变种。本图鉴介绍荩草 *S. chondrachne*（Steud.）Honda、西南荩草 *S. forbesiana*（Nees）Hook. f.、莠狗尾草 *S. geniculata*（Lam.）Beauv.、金色狗尾草 *S. pumila*（Poiret）Roemer & Schultes、棕叶狗尾草 *S. palmifolia*（koen.）Stapf、皱叶狗尾草 *S. plicata*（Lam.）T. Cooke、大狗尾草 *S. faberi* R. A. W. Herrmann、粱 *S. italica*（L.）Beauv.、粟 *S. italica* var. *germanica*（Mill.）Schred.、倒刺狗尾草 *S. verticillata*（L.）beauv.、狗尾草 *S. viridis*（L.）Beauv. 和巨大狗尾草 *S. viridis* subsp. *pycnocoma*（Steud.）Tzvel. 10种1亚种1变种。荩草在古代为盖屋材料；属野生高大多年生优良牧草。莠狗尾草秆叶可作牲畜饲料；全草入药可清热利湿。金色狗尾草叶量大，草质柔嫩，很适合饲喂兔、羊、鹅及草食性鱼类；还可调制干草或青贮。棕叶狗尾草是适于华南红壤山地栽培的一种优良牧草，可以作为建立人工草地，用于发展畜牧业；其发达的根系，繁茂而宽大的叶片，具有强大的固土保水能力，也是一种治理水土流失的优良草种；颖果含丰富淀粉，可供食用；根可药用治脱肛、子宫脱垂。皱叶狗尾草全草具有解毒杀虫之功效，用于疥癣、丹毒、疮疡。大狗尾草秆、叶可作牲畜饲料。粱的谷粒不仅可供食用，可入药，又可酿酒；其茎叶又是牲畜的优等饲料，其谷糠是猪、鸡的良好饲料。粟的谷粒可食，秆叶是牲畜的优良饲料。倒刺狗尾草全草可入药，除热祛湿消肿。狗尾草秆、叶可作饲料。

5.157 荩草 *Setaria chondrachne*（Steud.）Honda

别名 松村稷《江苏植物名录》、松村稷莠草。

特征 小穗椭圆形，顶端尖，长约3mm；第一颖卵形，顶端尖或钝，长为小穗的1/3 ~ 1/2，具3（~ 5）脉，边缘膜质；第二颖长为小穗的3/4，顶端尖，具5（7）脉；第一小花中性，第一外稃与小穗等长，顶端尖，具5脉，其内稃薄膜质，狭披针形，短于外稃；第二外稃

等长于第一外稃，顶端呈喙状小尖头，平滑光亮，微
现细纵条纹。

产地 江苏、安徽、江西、湖北、湖南、广西、贵州、四川
等省（自治区）；生于路旁、林下、山坡阴湿处或山井
水边。

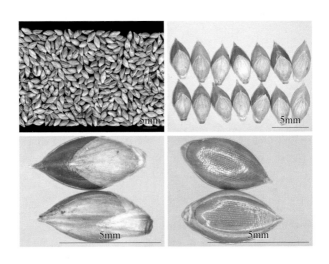

5.158 西南莠草 *Setaria forbesiana*（Nees）Hook. f.

别名 福勃狗尾草《中国主要植物图说：禾本科》）、西南狗尾草、皱谷狗
尾草、云南稃草。

特征 小穗椭圆形或卵圆形，长约3mm，绿色或部分呈紫
色；第一颖宽卵形，长为小穗的1/3 ～ 1/2，先端尖或
钝，边缘质较薄；第二颖短于小穗1/4或2/3，先端钝
圆；第二外稃等长于第一外稃，硬骨质，具细点状皱
纹，成熟时，背部极隆起似半球形，包着同质内稃先
端具小硬尖头。

产地 浙江、湖北、湖南、广东、广西、陕西、甘肃、贵州、
四川、云南等省（自治区）；生于海拔2 300 ～ 3 600m

5mm　　　　　　5mm　　　　　　5mm

的山谷、路旁、沟边及山坡草地，或砂页岩溪边阴湿、半阴湿处。

5.159 莠狗尾草 *Setaria geniculata* (Lam.) Beauv.

别名　幽狗尾草、莠毛狗尾草、锈狗尾草、锈色狗尾草。

特征　小穗椭圆形，长 2 ~ 2.5mm，先端尖；第一颖卵形，长为小穗的 1/3，先端尖，具 3 脉；第二颖宽卵形，长约为小穗的 1/2，具 5 脉，先端稍钝；第一外稃与小穗等长或略短，具 5 脉，其内稃扁平薄纸质或膜质；第二小花两性，外稃软骨质或革质，具较细的横皱纹，先端尖，边缘狭内卷包裹同质扁平的内稃。

产地　海南各地；生于海拔 1 500m 以下的山坡、旷野或路边的干燥或湿地。

分布　广东、广西、福建、台湾、云南、江西、湖南等地。

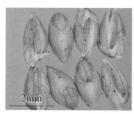  

2mm　　　　　　2mm　　　　　　2mm

5.160 金色狗尾草 *Setaria pumila* (Poiret) Roemer & Schultes

别名　恍莠莠、硬稃狗尾草、金狗尾、硬稃狗尾草。

特征 圆锥花序紧密呈圆柱状或狭圆锥状，刚毛金黄色或稍
带褐色，粗糙，通常在一簇中仅具一个发育的小穗；
第一颖宽卵形或卵形，长为小穗的1/3～1/2，先端尖，
具3脉；第二颖宽卵形，长为小穗的1/2～2/3，先端稍
钝，具5～7脉；第二小花两性，外稃革质，等长于第
一外稃，先端尖，成熟时，背部极隆起，具明显的横
皱纹。

产地 海南各地；生于林边、山坡、路边和荒芜的园地及
荒野。

分布 全国各地。

5.161 棕叶狗尾草 *Setaria palmifolia*（koen.）Stapf

别名 箬叶莩、[棕]茅、[棕]叶草、雏茅（海南）、棕叶草（广西）、
棕色狗尾草、皱茅、涩船草、台风草。

特征 小穗卵状披针形，长2.5～4mm；第一颖三角状卵形，
先端稍尖，长为小穗的1/3～1/2，具3～5脉；第二颖
长为小穗的1/2～3/4或略短于小穗，先端尖，具5～7

脉；第一外稃与小穗等长或略长，先端渐尖，呈稍弯的小尖头，具5脉，内稃膜质，窄而短小，呈狭三角形，长为外稃的2/3；第二外稃具不甚明显的横皱纹，先端为小而硬的尖头。

产地 海南各地；生于山坡或谷地林下阴湿处。

分布 浙江、江西、福建、台湾、湖北、湖南、贵州、四川、云南、广东、广西、西藏等地。

5.162 皱叶狗尾草 *Setaria plicata* (Lam.) T. Cooke

别名 风打草 (福建、广西)、延脉狗尾草、大马草、烂衣草、破布草、小船叶。

特征 小穗卵状披针状，绿色或微紫色，长3～4mm；颖

薄纸质，第一颖宽卵形，顶端钝圆，边缘膜质，长为小穗的1/4 ~ 1/3，具3（5）脉，第二颖长为小穗的1/2 ~ 3/4，先端钝或尖，具5 ~ 7脉；第二外稃具明显的横皱纹。颖果狭长卵形。

产地 海南琼中、保亭；生于山坡林下、沟谷地阴湿处或路边杂草地上。

分布 江苏、浙江、安徽、江西、福建、台湾、湖北、湖南、广东、广西、四川、贵州、云南等地。

5.163 大狗尾草 *Setaria faberi* R. A. W. Herrmann

别名 法氏狗尾草《中国主要植物图说：禾本科》）、长狗尾、谷莠子。

特征 小穗椭圆形，长约3mm，顶端尖；第一颖长为小穗的1/3 ~ 1/2，宽卵形，顶端尖，具3脉；第二颖长为小穗的3/4或稍短于小穗，少数长为小穗的1/2，顶端尖，具5 ~ 7脉，第一外稃与小穗等长，具5脉，其内稃膜质，披针形，长为其1/3 ~ 1/2，第二外稃与第一外稃等长，具细横皱纹，顶端尖，成熟后背部极膨胀隆起。

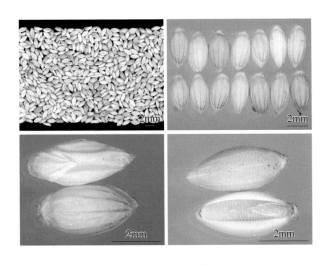

产地 黑龙江、江苏、浙江、安徽、台湾、江西、湖北、湖南、广西、四川、贵州等地；生于山坡、路旁、田园或荒野。

5.164 粱 *Setaria italica*（L.）Beauv.

别名 狗尾草、黄粟（广东）、小米（黄河以北各地）、谷子（《中国植物学》）。

特征 小穗椭圆形或近圆球形，长2～3mm，黄色、橘红色或紫色；第二外稃等长于第一外稃，卵圆形或圆球形，质坚硬，平滑或具细点状皱纹，成熟后，自第一外稃基部和颖分离脱落。

产地 广泛栽培于欧亚大陆的温带和热带，我国黄河中上游为主要栽培区。

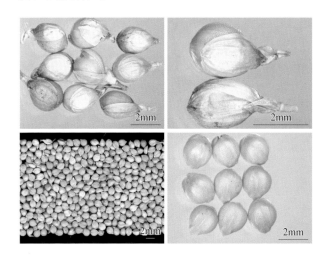

5.165 粟 *Setaria italica* var. *germanica*（Mill.）Schred.（变种）

别名 谷子、小米。

特征 小穗卵形或卵状披针形，长2～2.5mm，黄色，刚毛长为小穗的1～3倍，小枝不延伸。

产地 我国南北各地均有栽培。

5.166 倒刺狗尾草 *Setaria verticillata*（L.）beauv.

别名 轮生狗尾草。

特征 小穗绿色，长1.8 ~ 2.4mm；第一颖长为小穗的1/3 ~ 1/2，顶端尖，具3脉，边缘宽膜质；第二颖与小穗等长或微短，具5 ~ 7脉，顶端稍尖；第一外稃与小穗等长或微长，具5脉，其内稃狭披针形；第二外稃等长于第一外稃或稍短，背面有细点状或细的横皱纹。

产地 台湾、云南等地。生于海拔330 ~ 1 030m向阳山坡、河谷或路边。

5.167 狗尾草 *Setaria viridis*（L.）Beauv.

别名 谷莠子、莠、稗子草、非洲狗尾草、狗毛尾狗、金毛
狗尾草、绿狗尾草、紫穗狗尾草。

特征 刚毛长4～12mm，粗糙或微粗糙，直或稍扭曲，通常
绿色或褐黄到紫红或紫色；小穗椭圆形，先端钝，长
2～2.5mm，铅绿色；第一颖卵形、宽卵形，长约为
小穗的1/3，先端钝或稍尖，具3脉；第二外稃椭圆形，
顶端钝，具细点状皱纹，边缘内卷，狭窄。

产地 全国各地；生于海拔4 000m以下的荒野、道旁。

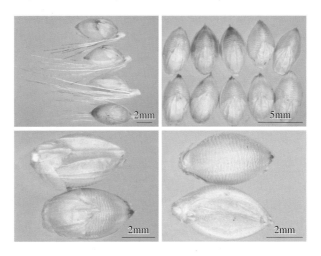

5.168 巨大狗尾草 *Setaria viridis* subsp. *pycnocoma* （Steud.）Tzvel.（亚种）

别名 长穗狗尾草、长序狗尾草、谷莠子、长穗谷莠子草。

特征 小穗长约2.5mm，第二外稃背部有点状皱纹。

产地 黑龙江、吉林、内蒙古、河北、山东、陕西、甘肃、
新疆、湖南、湖北、四川、贵州等省（自治区）；生于
海拔2 700m以下的山坡、路边、灌木林。

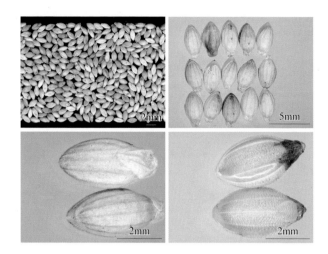

6 早熟禾亚科 Pooideae

广布于全球，主产温带地区。我国有74属。本图鉴介绍5属5种，包括看麦娘属*Alopecurus* Linn.、菵草属*Beckmannia* Host、棒头草属*Polypogon* Desf.、鹧鸪草属*Eriachne* R. Br.和细穗草属*Lepturus* R. Br.。

看麦娘属 *Alopecurus* Linn.

本属约有50种，分布于北半球之寒温带。我国有9种，多数种类为优良牧草。本图鉴介绍日本看麦娘 *A. japonicus* Steud. 1种。

6.1 日本看麦娘 *Alopecurus japonicus* Steud.

别名 麦娘娘、麦陀陀草、大花看麦娘。

特征 小穗长圆状卵形，长5～6mm；颖仅基部互相连合，具3脉，脊上具纤毛；外稃略长于颖，厚膜质，下部边缘互相连合，芒长8～12mm，近稃体基部伸出，上部粗糙，中部稍膝曲。颖果半椭圆形，长2～2.5mm。

产地 广东、浙江、江苏、湖北、陕西诸省；生于海拔较低之田边及湿地。

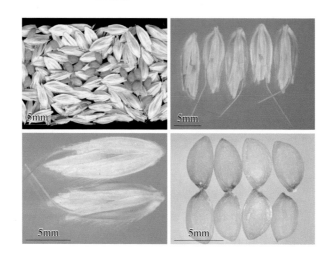

菵草属 *Beckmannia* Host

本属有2种及1变种，广布于世界之温寒地带。我国有1种及1变种。本属植物为优良饲料，质量较高；谷粒可食，滋养健胃；也是水田中难以清除的杂草。本图鉴介绍菵草 *B. syzigachne* (Steud.) Fern. 1种。

6.2 菵草 *Beckmannia syzigachne*（Steud.）Fern.

别名 菵米（《尔雅》）、水稗子。

特征 小穗扁平，圆形，灰绿色，长约3mm；颖草质；边缘质薄，白色，背部灰绿色，具淡色的横纹；外稃披针形，具5脉，常具伸出颖外之短尖头。颖果黄褐色，长圆形，长约1.5mm，先端具丛生短毛。

产地 全国各地；生于海拔3 700m以下的湿地，水沟边及浅的流水中。

棒头草属 *Polypogon* Desf.

本属约有6种，分布于全球的热带和温带地区。我国有3种。本图鉴介绍棒头草*P. fugax* Nees ex Steud. 1种。

6.3 棒头草 *Polypogon fugax* Nees ex Steud.

别名 狗尾稍草麦、毛草、稍草、露水草、榛头草。

特征 小穗长约2.5mm（包括基盘），灰绿色或部分带紫色；颖长圆形，疏被短纤毛，先端2浅裂，芒从裂口处伸出，细直，微粗糙，长1～3mm；外稃光滑，长约1mm，先端具微齿，中脉延伸成长约2mm而易脱落的芒。颖果椭圆形，1面扁平，长约1mm。

产地 我国南北各地；生于海拔100～3 600m的山坡、田边、潮湿处。

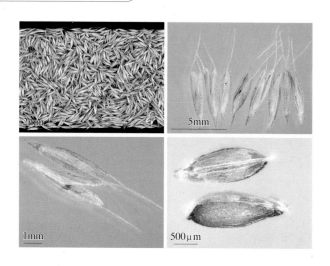

鹧鸪草属 *Eriachne* R. Br.

本属约有20种，多数产于大洋洲；我国仅有1种。本图鉴介绍鹧鸪草 *E. pallescens* R. Br. 1种。本种为中等饲料植物；干花序可扎扫帚。

6.4 鹧鸪草 *Eriachne pallescens* R. Br.

特征 小穗长4～5.5mm，带紫色；颖硬纸质，卵形兼披针形，背部圆形，长3～4mm，无毛，具9～10脉；外稃质地较硬，长约3.5mm，全部密生短糙毛，顶端具1直芒，与稃体几相等或稍短；内稃与外稃等长，质同，

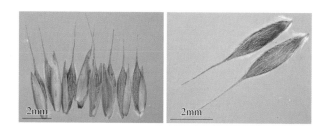

背部亦具短糙毛。

产地 福建、江西、广西、广东等省（自治区）；生于干燥山坡、松林树下和潮湿草地上。

细穗草属 *Lepturus* R. Br.

本属约有15种，常产于东半球的热带；我国有1种。本图鉴介绍细穗草 *L. repens*（G. Forst.）R. Br. 1种。

6.5 细穗草 *Lepturus repens*（G. Forst.）R. Br.

特征 小穗长约12mm；第一颖三角形，薄膜质，长0.8mm；第二颖革质，披针形，先端渐尖或锥状锐尖，上部具膜质边缘且内卷，长6～12mm；外稃长约4mm，宽披针形，具3脉，两侧脉近边缘，先端尖，基部具微细毛；内稃长椭圆形，几与外稃等长。

产地 台湾；多生于海边珊瑚礁上。

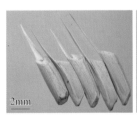

图书在版编目（CIP）数据

海南岛禾本科植物资源种子图鉴/张瑜等编著. —
北京：中国农业出版社，2023.11
ISBN 978-7-109-31134-3

Ⅰ.①海…　Ⅱ.①张…　Ⅲ.①禾本科牧草－种质资源
－海南－图集　Ⅳ.①S543.24-64

中国国家版本馆CIP数据核字（2023）第180503号

中国农业出版社出版

地址：北京市朝阳区麦子店街18号楼
邮编：100125
责任编辑：丁瑞华　魏兆猛
版式设计：王　晨　责任校对：吴丽婷　责任印制：王　宏
印刷：北京缤索印刷有限公司
版次：2023年11月第1版
印次：2023年11月北京第1次印刷
发行：新华书店北京发行所
开本：880mm×1230mm　1/32
印张：6.25
字数：175千字
定价：58.00元
